"十三五"普通高等教育本科部委级规划教材

中西服装史 （第2版）

CHINESE AND WEST CLOTHING HISTORY
(2nd EDITION)

华 梅 ｜ 著

U0241813

中国纺织出版社有限公司　国家一级出版社
全国百佳图书出版单位

内 容 提 要

本书为"十三五"普通高等教育本科部委级规划教材之一。本书从人类共有的服装起源以及基本相同的演化轨迹展开，结合中西文化风格形成以后的现实，采用中西并列讲述的方式，介绍了不同时期、不同阶层、不同性别的代表性服装，旨在厘清人类服装文化历程的演进和不同民族独有的服装创作思维。

本书希望读者通过学习，可以对服装史有一个国际化的印象，不是从中国看西方，也不是从中国看世界，而是以一个国际化的理念去看中西服装发展史的总体概貌。

图书在版编目（CIP）数据

中西服装史 / 华梅著 . --2 版 . -- 北京：中国纺织出版社有限公司，2019.10（2024.6重印）
"十三五"普通高等教育本科部委级规划教材
ISBN 978-7-5180-6552-3

Ⅰ. ①中… Ⅱ. ①华… Ⅲ. ①服装—历史—世界—高等学校—教材 Ⅳ. ① TS941.74-091

中国版本图书馆 CIP 数据核字（2019）第 179477 号

策划编辑：谢婉津　郭慧娟　责任编辑：谢婉津　责任校对：楼旭红
责任设计：何　建　　　　　责任印制：王艳丽

中国纺织出版社有限公司出版发行
地址：北京市朝阳区百子湾东里 A407 号楼　邮政编码：100124
销售电话：010-67004422　传真：010-87155801
http://www.c-textilep.com
官方微博 http://weibo.com/2119887771
北京通天印刷有限责任公司印刷　各地新华书店经销
2014 年 8 月第 1 版　2019 年 10 月第 2 版
2024 年 6 月第 6 次印刷
开本：787×1092　1/16　印张：14
字数：206 千字　定价：45.00 元（附赠网络教学资源）

导　言

　　《中西服装史》这本教材，是2010年应中国纺织出版社服装分社郭慧娟女士之邀撰写的。其构思源于2009年由我主持的国家级精品课程《中西服装史》的上线。但是，真正动手撰写中西服装发展史，首先面临一个基本构成的问题，是像之前教材安排的一样，将中国服装史与西方服装史单列并行呢，还是将中国和西方有代表性的服装发展历程合在一起呢？

　　反复考虑之后，最终决定将中西服装发展历程放在一个框架当中，使之更符合21世纪服装的国际化需求。早在1995年，我的百万言专著《人类服饰文化学》中"人类服饰史"一章便是站在地球村、世界人的视角来撰写的。时光荏苒，这部著作已发行了23年，现在看来当年立意是难得的，如今读起来丝毫也不过时，倒是完全符合眼下服装文化发展全球化的潮流趋势。

　　于是，我尝试着将中西服装史结合在一起，让当代大学生通过学习，可以对服装史有一个国际化的印象。不是从中国看西方，也不是从中国看世界，而是以一个国际化的理念去看中西服装发展史的总体概貌。鉴于篇幅和课时需求，不能面面俱到，因此我选取了有代表性的发展历程。

　　相对于西方而言，许多东方国家（包括中国）的服装风格有很多共同点，所示中国服装史，可以从一定程度上代表了东方。西方服装史面临一个区域界定的问题，它首先是一个宽泛的区域概念，与东方相对。如果我们翻阅当今最权威的《辞海》，会发现根本没有"西方"这个辞条。这样来看，我们所讲的东方和西方实际上是全球地理概念上的东、西两个半球。

　　有一点必须说明，中国人原有"西洋"之说，但"西洋"的概念是含混的。提及"西洋画"时，是指欧洲绘画，人们不太习惯说"西方画"。可是明永乐至宣德年间郑和七次航海至南海诸国，均被通称为"下西洋"。中国明末清初以后，将大西洋两岸，即欧美各国称为"西洋"，出现了《西洋美术史》《西洋文学史》等各类书籍。20世纪80年代以来，论及欧美时多用"西方"，如西方社会、西方美术。这样一来，显得"西洋"之说有些陈旧了。

　　《中西服装史》先要厘清西方包括哪些国家，我们依据有关西方的其他学科书籍内容，将重点放在欧洲，特别是西欧各国，即以法国、意大利、德国、英国等为主。然后追溯至北非埃及，再以美索不达米亚连到希腊、罗马。这种惯用模式是否合理，还有待学术界进一步论证，但当前是被大多数学者认可的。

鉴于此，我在《中西服装史》中，将中国和西方各国的服装发展乃至演变放在一个平台上来研究。这时会发现，在世界各地，服装的起源是一致的，这取决于人类的共性和基本相同的生长环境。20世纪后期的时装流行趋势也是大致相同的，通信技术的发展和交通的改进，使地球变得越来越小，世界大同成为趋势，人类又走到了一起。只有在人类文化大发展的几千年中，由于交流不便，沟通困难，才各自形成鲜明的特色。而这些特色正是需要我们认真学习与研究的。

中国与西方艺术风格形成区别的起始是在公元前千余年，正值奴隶制时期。中国以含蓄威严厚重的青铜礼器著称于世，而西方则是以高度写实细腻的大理石雕像傲视群雄。中国服装制度也是在这一时期形成基础，而希腊克里特小岛上的俑人装束已具备了西方经典服装样式的雏形。追本溯源，中西历史文化毕竟有着各自相异的特色。如中国在夏商周三代就已经奠定了以农业经济为基础的礼制模式，而西方则从地中海至英伦三岛都以海洋经济为主。中国从春秋开始百家争鸣，至汉代彻底确立了以儒家思想为正统的哲学思想，而西方则从希腊、罗马时期就已经出现了现代哲学与美学的萌芽。中国从秦代进入大一统的封建社会，而西方诸国之间则在不停歇地论辩与战争。中国是唐代强调人性的张扬，其后宋代理学束缚人的魂灵，加之明清延续礼教的威严，直至近代落后于人，而西方则是在压抑人性的中世纪以后，迎来了文艺复兴，进而开始了工业革命。如今，中西服装又殊途同归。特别是进入21世纪以来，全世界都越来越显示出人类文化的共性，尤其是人工智能的快速发展，使社会经济发生了重大变革，而这恰恰也体现在服装上。

这部《中西服装史》的写法仅是众多写法中的一种。只要能够满足一部分读者的需求，就会确立这部书的形象。

中西服装发展历程中，需要写出来的内容太多了，我只能择其重中之重，以期给大家一个梗概，一个短时间内即能整体掌握的便捷思路。此次第2版修订，根据当代教学科研前沿理念，进行了一定程度的增删，相信一定会比第1版更加合乎教学规范，更加受到年轻学子们的欢迎。

教学内容及课时安排

章/课时	课程性质/课时	节	课程内容
序 （2课时）			• 服装起源推断与思考
		一	人类初始学说与服装起源推论
		二	人类童年传说与服装起源思考
		三	人类早期考古与服装起源推断
		四	当代服装考证与服装起源定论
第一讲 （4课时）			• 服装育成时代
		一	草裙时期
		二	兽皮披时期
		三	织物装时期
第二讲 （4课时）			• 服装成形时代
		一	服装形态
		二	服装类型
第三讲 （4课时）	基础理论 （56课时）		• 服装定制时代
		一	中国周代的服装制度
		二	春秋战国的深衣与胡服
		三	地中海一带的等级服装
第四讲 （6课时）			• 服装交会时代
		一	中国秦汉服装
		二	中国魏晋南北朝服装
		三	拜占庭与丝绸衣料
		四	波斯铠甲的东传
第五讲 （6课时）			• 服装互进时代
		一	中国隋唐服装
		二	中国宋辽金元服装
		三	拜占庭与西欧战服时尚
		四	华丽倾向与北欧服装
		五	中世纪宗教战争对服装的影响
		六	哥特式风格在服装上的体现

章/课时	课程性质/课时	节	课程内容
第六讲 （6课时）	基础理论 （56课时）		•服装更新时代
		一	中国明代服装
		二	文艺复兴与服装更新
		三	文艺复兴早期服装
		四	文艺复兴盛期服装
第七讲 （6课时）			•服装风格化时代
		一	中国清代服装
		二	西方服装上的巴洛克风格
		三	西方服装上的洛可可风格
		四	西方17、18世纪军戎服装
第八讲 （6课时）			•服装完善化时代
		一	中国汉族服装
		二	中国少数民族服装
		三	工业革命与西方服装改革
		四	西方各民族服装特色
第九讲 （6课时）			•服装国际化时代
		一	中国20世纪中后期服装
		二	西方引领时装潮
		三	时装设计大师
		四	时装设计中心
		五	西方19、20世纪军戎服装
第十讲 （6课时）			•服装网络化时代
		一	中西时装趋于同步
		二	中西军服愈益接近
		三	中西服装的当代异同
		四	中西服装的未来预想

目 录

第五讲 服装互进时代

第六讲　服装更新时代

第七讲 服装风格化时代

序　服装起源推断与思考

从什么时候开始，地球上人类开始直立行走？人又在什么时候、什么情况下发明了衣装和佩饰？多少年来，人们都在试图解开这个谜。

考古学家和人类学家为此进行着不懈的努力，可是从那些难以破译的古化石与炭化物甚至实物上，只能摸清事物发展的下限，很难寻求其上限。也就是说，很难真正找出服装起源的动机与时间。一次次惊人的考古发现，证实着人类始祖的伟大，同时将世界开化史或具体为人类文明史向前推进。但我们更关心的是，人类从什么时候穿戴起了服装？为什么？

第一节　人类初始学说与服装起源推论

关于人类起源的学说，长期以来在国际上争论不休。由于人类分布在地球上的多个地方，因而关于服装起源的传说或学术研究成果也有所差异。欧洲神话较为系统，人类学和考古学又较为先进，所以西方关于服装起源的讨论成为当代教学研究有重要参考价值的一部分。

一、"神创论"与服装起源的关系

从目前来看，在历史上对人类起源影响最大的是基督教《旧约全书》中的"创世说"。《旧约全书》中讲，上帝用了6天时间，先造出天地、日月星辰、山川河流、飞禽走兽，最后照自己的模样用圣土造出了第一个男人，名叫亚当，又从亚当身上取下一根肋骨造了一个女人并成为亚当妻子，名叫夏娃。亚当和夏娃的子孙都是上帝的后裔。

依据《旧约全书》的说法，亚当和夏娃起初是不着装的，只因为听了蛇的怂恿，偷吃禁果，眼睛明亮了，才扯下无花果枝叶遮住下体，这便是服装的雏形（序图–1）。对于这种说法，当代已有不少学者提出质疑，原因是羞耻观念只会在文明社会出现，即摆脱了蒙昧社会和野蛮社会以后。所以说，遮羞论并不能说明着装之初始。

二、"进化论"与服装起源的关系

1831年，英国生物学家查理·达尔文乘海军勘探船"贝格尔号"进行了历时5年的环球旅行，其间对动植物和地质等方面做了大量的考察和采集。经过综合探讨，最终形成了生物进化的概念。1859年，达尔文出版了震动当时学术界的《物种起源》（又译《物种源始》）一书，提出以自然选择为基础的进化论学说。这一理论不仅说明了物种是可变的，对生物适应性也做了正确的解说，同时向神创论者致以沉重的打击。

序图-1　亚当与夏娃摘下无花果枝叶遮住下体

按照达尔文的进化论学说，人是由猿演变来的。但是，如果我们从服装起源来看，猿进化到人的过程当中，如果已经遇到御寒、防潮、遮晒等需要适应环境的实际问题，那么为什么还要脱掉大面积体毛呢？而进化后的人身体上仅存的体毛又都是保留其功能的。换句话说，人的体毛包括眉毛、睫毛、头发、腋下和耻骨等处的体毛，都有着明显的实用价值，只是男人的胡须实用性差一些。如果不是进化中的自主选择，为什么会形成如今这样合理的生理趋向呢？如眉毛使额头汗水平行向外侧流去，不致一下子流到眼睛里；睫毛挡住风沙，免得沙尘进入眼里；头发既可以遮住阳光，使头皮免受暴晒，又可以挡住风霜雨雪，使头皮不致直接受到侵害；腋下和耻骨处体毛则是为了使汗液得以挥发，形成自然通风的局部环境。

人类对于体毛的取舍是根据什么进化的呢？为什么不以自身的毛皮去抵御严寒？人类在怎样一种自然生态环境中脱去大面积毛发，又在怎样一种外界环境和内心活动驱使下制作服装的？神创论与服装起源关系的说法不用细究，但是，进化论与服装起源的内在联系却必须弄清。因为前者毕竟是神话，而后者却是实实在在的科学。

继达尔文的进化论以后，在最近百年中，人们又提出种种有异于达尔文进化论的关于人类起源的学说。由于众说纷纭，迄今也不能正式确认某一种定论，因此就影响面和权威性而言，根本无法与"神创论"和"进化论"相比。只是这些有关人类起源的新说法，确实启发了我们对于服装起源的许多新设想。

有人曾提出，人类形成之前或早期地球上气候温暖，而后气温下降，人们会不会是在这种气候条件大幅度变易中想到要穿衣裳呢？依这种说法，前述从猿到人的过程中，是否也存在地球温暖时，猿人身上体毛大面积脱掉，而后需要御寒时，由于智人发明了服装，所以人的全身体毛再无必要重新生长出来。这种有关人体早期的学说还未完全建立，因而我们依此做出服装起源的设想和立论或许为时过早。

除此之外还有几种新学说，如认为人是从水猿演变而来，或认为是由外星球输入的，即所谓天外来客说。更有人认为地球上的人类已经经历了几度文明，我们所处的只不过是最近的一次。

这些关于人类起源的学说，不能简单地与服装起源联系起来，原因是现代科学对于人类起源的诸学说，都是在研究人类胚胎阶段上一步步迈向成熟的过程，但尚未找到一个大家都确认无疑的理论。人类服装史与人密不可分，人类的起源学说直接影响到我们对服装起源的设想。

第二节　人类童年传说与服装起源思考

无论人类是如何开始生活在地球上的，原始人类都曾自然而然且又有滋有味地生活过。原始人类在万物有灵的观念支配下，认为宇宙万物都具有生命甚至"灵魂"。这种在今天看来是古老的原始宗教观念，衍化出关于人类起源和早期生活的神话传说。

原始人类口头创造的神话，经过文明初期启蒙意识的筛选、裁汰、升华、整合，最后凝聚到各个区域文化的意识之内，成为一些可供后人研究时作为参考的系统依据。

一、女娲造人与服装起源的关系

中国的神话体系不如希腊神话脉络清晰，但对开天辟地的盘古和抟土造人的女娲的描述，还是非常动人的。有趣的是，汉代许慎《说文解字》中说女娲是"古之圣女，化万物者"，却从未提及女娲的服饰形象。难怪更早的楚国诗人屈原在《天问》中发出疑问："女娲有体，孰制匠之？"这就说明中国关于人类始祖的传说是含混的，不仅缺乏来龙去脉，也未点明整体形象，只是在传说中塑造了一个伟大的造物者，她先是用土加水捏成一个个人，后来累了，便以树枝蘸着泥浆挥洒，那些小泥点也成了人。依此来看，人类起始之时，是未着装的。

古老神话对于西王母的服饰有些简单的记述，如《山海经·西山经》中说："西王母其状如人，豹尾虎齿而善啸，蓬发戴胜……"豹尾虎齿，可以理解为是西王母长着像豹一样的尾巴和像虎一样的牙齿，但是也可以理解为西王母系着豹尾、挂着虎齿以作佩饰。蓬发戴胜，即未经梳理或是未盘成发髻的头发上戴着头饰，后人解释为双棱形玉簪。将文字与想象结合起来，一种原始人披兽皮、垂兽尾、戴兽牙佩饰，同时散发戴花的服饰形象完整地呈现出来。

女娲等传说引起我们对服装起源的思考，那就是先人不穿衣，而后有了兽皮衣和兽牙饰，这种基于传说的联想，与历来的服饰起源说法基本上是一致的。

二、雅典娜披戴盔甲与服装起源的关系

希腊神话是世界神话传说中最完整、最成熟的，有一些传说直接与服装有关。

在古老的太阳神赫利乌斯（不同于阿波罗）的儿子法厄同的故事里，描绘出年轻的春神饰着鲜花的发带，夏神戴着谷穗的花冠，秋神面容如醉，冬神长着一头雪白的卷发……诗一样的众神，画一般的服饰。鲜花、发带和谷穗、花冠等都是生活当中真实存在的，即使是后人根据当时生活情景而有意渲染，那也总是接近于远古时代的，对于今人研究服装来说，当然有参考价值。

最著名的是希腊雅典城传说中，雅典城保护神和智慧女神雅典娜的出生。按照其中一种神系说法是这样的：雅典娜的母亲墨提斯是宙斯的堂妹和第一位妻子，临产前她"预言"，即将出生的孩子一定会比宙斯强大。为了防止这种危险降临到自己头上，宙斯便把妻子"活活地吞进了肚里"。过后不久，他感到头痛欲裂，不可忍耐。在痛苦的绝望中，他请求火神赫淮斯托斯奋力劈开他的脑袋以减轻疼痛。结果，雅典娜全副铠甲、披挂齐全地从宙斯头中一跃而出，成为一位新神。由此可见，神话传说是古代现实的曲折反映（序图-2）。

三、佛洛夏羽衣与服装起源的关系

北欧神话是希腊神话之后最显著的神人同形的神话。其中爱恋与美之神佛洛夏，有一件鹰毛的羽衣。传说佛洛夏穿上这种羽衣，就可化为飞鸟。这显然与人类早期服装中以羽毛为

序图-2　雅典巴特农神庙的雕塑雅典娜（复制品）

衣的观念有关。中国也有"羽化成仙"的说法，甚而有"羽衣"。为什么要以鸟羽做衣服呢？希望自己也像鸟儿一样在天上飞？希望自己像鸟儿一样勇敢、美丽？相信鸟儿受不凡的神驱使？鸟儿本身就是神？

除了飞上天空，还有深入水底的神话。在北欧神话里，最低级的海神是所谓的"鲛人"，他们经常变形为鹅或海鸥，高级一些的海神则是人首人身，但拖着一条尾巴，最高级的海神才具有完整的人形。海兽皮或鱼皮或许从很早以前就成为人们日常服装的面料，中国赫哲族人也有鱼皮衣。但是，当时的人很可能是从海兽皮或鱼皮上获得抵御寒冷的启示，并出于对水中生物的崇拜或喜爱，而在长时间内保留了服饰形象中的水族形尾饰。

"传说"在早期是属于口头形式的，因而当它流传到后代以文字形式记载下来时，可能是以先前为依据而后不断改进的。因而，传说中涉及的服装成因，可以作为今日研究服装起源和早期情况的参考，但不能作为确凿的证据。

第三节　人类早期考古与服装起源推断

在很长一段时期内，人们对于人类起源的认识，仅仅局限于一些神话传说。直到近代，考古学、人类学、古生物学、地质学和民族学等许多学科的发展，特别是地质考古对文化遗存的发现，才为研究人类起源和服装成因提供了有力的实物资料。

一、岩画猎舞与服装起源的关系

岩画，是石器时代人们在山岩上以矿物颜料和刀斧绘制出的艺术品。从西班牙北部坎塔布连山区的阿尔塔米拉洞窟岩画，到中国云南沧源和广西左江的宁明县花山岩画，描述了无数个面目不清但极有特色的着装者群。

岩画中有关人物的内容，大致有狩猎、放牧、农业、战争、祭祀、交媾、舞蹈、杂技等，其中以狩猎、祭祀和舞蹈中的服装最有启发意义。

欧洲岩画中的人物大多戴有面具，或是人身兽首。有关专家推论有些可能是当时人们对自己的形象描绘存在着特殊的禁忌；有些可能是巫师做法的真实写照。法国多尔多涅省，有个名叫拉斯科的石灰岩溶洞，由于保存着旧石器时代的精彩绘画，所以被西方人誉为"史前的卢浮宫"。在该洞的一条洞道的侧端，坑壁上画着一个人与欧洲野牛争斗，仰卧在地的人头戴鸟形面具，手边是鸟形装饰的长杖。这说明面具之于人类，发明使用的年代已经非常久远，而面具作为服饰形象的一种特定气氛下的组合和表现形式，是出于有意识的创作。到底是出于巫术的目的，还是为了蒙蔽野兽？可以肯定的是，这种手段包含了对上天、神明的心灵寄托，以及获取更大生存能力的愿望。

法国的三兄弟洞窟，也是欧洲著名的旧石器时代洞穴。这个洞穴里有三幅画，其中两幅与人类服装有关。一幅是一只野牛长着人类的脚，手中拿着一件东西，好像是一根长笛，一头插在嘴里。这幅画曾被人们推断为是披着兽皮的狩猎者在吹笛引兽。另一幅画着欧洲冰河时期艺术中最为奇特的形象——鹿角巫师，巫师头戴鹿角之类的饰物（序图-3）。

以动物牙、角、皮毛装饰自身，力图迷惑动物，较单纯模仿、重温过去的服装要显得文化性更强一些，也就是人类在更聪慧的自身强化之后才会产生的行为。岩画中不乏人戴着角饰去刺杀、围猎动物的画面，古代人也确实曾披着虎皮埋伏在山崖旁以伏击老虎。今日非洲

序图-3　法国三兄弟洞窟壁画——
鹿角巫师

原住民仍然在身上披草，弯着腰，双手举一根长棍竖立着，棍的上端再绑上一团草，扮成鸵鸟去接近鸵鸟，以此伪装迷惑动物，最终达到捕猎的目的。服装起源中，当不排除这也是成因之一。

最有说服力的或许是巫术导致了服装的诞生甚至不断变换出新。岩画上有一些祭祀的场面，其中尤以广西宁明花山岩画的祭祀场面最大，气势最宏伟。人物不分大小，也不拘正侧，一律高举双臂，蹲踞两腿。主要人物的形象，有些是正面的，头上有饰品，腰间别着长武器。那些持同一姿势的侧面朝向的人有些是裸体的，有些似乎有飘散的头发。连同欧洲岩画中鹿角巫师和中国漆器中的戴倒三角形头饰、着大袖袍的巫师形象来看，巫师的服饰形象总是力求区别于人群。人们为了表示对神的虔诚，千方百计地模仿巫师，而巫师为了显示自己的神力，又要不断地改变自己的服饰形象。由于人们当时对诸神存有一种无比崇敬的心理，很可能去追求一种实则怪诞，但初始动机却是极神圣、极严肃的装饰效果。

岩画人物形象上，留下了各种各样的头饰和耳饰的剪影式造型。从那些带着原始野性的人物造型上，可以看出其头饰大多与野兽的双角和飞禽的头羽形象有关。耳饰中有双弯形的，可能代表兽牙；有画作双圈或双圆点的，当为耳环或耳坠；还有画一根短直线的，或许是代表木棒、骨管、植物茎之类的棍状耳坠。发辫形象更是千姿百态，有单辫、双辫，或长或短，还有长椎髻，说明当时发型已有很多讲

究。尾饰一般垂在腰后，直至臀部以下，有可能是系上马、牛等大牲畜的尾巴，也有可能是用衣料做成的尾饰。这些系尾饰的人物形象大都出现在狩猎和舞蹈等场合之中。

1973年，在中国青海大通县上孙家寨出土的彩陶盆上，绘出三组舞蹈人形，各垂一发辫，摆向一致，服装下缘处还各有一尾饰。每组五个人手拉手舞于池边柳树下，好似为狩猎模拟舞，即以重复狩猎活动的某些过程而重温胜利的喜悦，当然也不排除舞于庄严肃穆的巫术礼仪之上的可能性，甚至后者所具有的含义更为原始人所重视（序图–4）。

序图–4　佩尾饰与辫饰的原始人
（青海省大通县出土彩陶盆纹饰局部）

二、出土饰物与服装起源的关系

有一个需要我们注意的问题，人类发现自己祖先的史前服装遗物主要是饰品，而不是衣服。当然，不是绝对没有衣服，只是即使发现了衣服，实物也已变成了炭化物，而佩饰却以其石、牙、骨等质料的坚固、耐腐，得以保存下来。

1856年，在德国杜塞尔多夫尼安德特河流域附近洞窟中首次发现10万年前的"智人"遗骨，从遗物中发现当时人已开始制作饰品。

另外，骨针的发明，实际是缝制衣服的发端。而几乎同时甚至更早一些的捷克人祖先，已经用猛犸牙、蜗牛壳及狸、狼和熊的牙齿做成了尖利的圆柱形。我们如今能够肯定其是骨针的理由，是这些圆柱形一端都穿有孔眼。

中国北京山顶洞人旧石器时代的遗物，距今约2.7万年。这里发现的饰物有：穿孔兽牙125枚，穿孔海蚶壳3枚，钻孔鲩鱼上眼骨一件（钻孔精细，孔极细小），中型鱼尾椎骨6件，大型鱼脊椎骨3件（经过人工整理，未钻孔），刻有沟槽的鸟骨管5件（佚1件，刻沟1~5条不等，最长者38毫米）。最精巧的是钻孔石珠，共7件，为白色石灰岩制品，最大者直径为6.5毫米。有一件最漂亮的钻孔小砾石，石料为微绿色的火成岩，长39.6毫米，有一面经过人工磨光，穿孔为相当准确的对钻。这些器物的穿孔部位大都泛红，看起来好像是被赤铁矿粉染过（序图–5）。此外，还发现磨制骨针，针长82毫米，仅有3毫米长的直径，针身略显弧形弯曲，刮磨得十分光滑（序图–6）。

序图–5　原始人的项饰
（出土于北京周口店山顶洞人遗址）

从20世纪80年代开始陆续发掘的辽宁西部红山文化遗址中的玉器，有鱼形耳饰、龟、鸟等，其中最精彩的是玉质龙形佩饰，这些玉器能大体勾勒出中国先民佩饰的形象。除此之外，还有南京北阴阳营出土的玉璜，北京门头沟东胡林村新石器时代早期墓葬中用小螺壳制成的项链，用牛肋骨制成的骨镯，以及山西峙峪村遗址中发现的一件用石墨磨制的钻孔装饰品等，为我们探寻人类早期佩饰提供了有力的历史依据。

序图-6　约两万年前的骨针
（出土于北京周口店山顶洞人遗址）

出土的石器时代饰物，对于今日研究服装起源有许多启示，其中一点是饰物大都是垂挂在身体上的。从饰物散落在原始人类残骸的位置来看，主要是头、颈部周围，也就是插在头上，或悬挂于颈间。这就为今日研究服装穿戴部位，提供了实物佐证。

第四节　当代服装考证与服装起源定论

以上能够为研究服装起源提供的资料，都是处于静态的历史遗存文化，即神话传说、岩石绘刻或出土遗物。它们得以保存至今，难能可贵。可是，它们毕竟属于那久远的年代，今人破译起来困难重重。是不是所有有关服装的文化遗存都是静止不动的呢？不是的，非洲、澳洲、美洲以及太平洋岛屿等处尚存的原始人部落，以活化石的身份，为我们研究服装提供了动态的、形象的依据。尽管我们从文明人的社会角度去分析他们的着装，会存在一些不准确的视点，但是，他们就在眼前。

20世纪初，欧美一些学者深入偏僻地区考察，努力从尚存原始部落的穿着习俗上，探寻服装起源的来龙去脉。他们以大量的着装事象说明了导致服装产生的诸种可能，如御寒、保护生殖部位、驱虫、消灾、区分等级等。这些被有关书籍总结起来，就成了御寒说、保护说、装饰说、巫术说、吸引异性说、劳动说以及引起争论的遮羞说……

御寒说在本书中已被提出疑问，学者们在观察中也发现，气候寒冷的火地岛上原住民几乎完全裸体。达尔文也承认："自然使惯性万能，使习惯造成的效果具有遗传性，从而使火地岛人（南美南端印第安人）适应了当地寒冷的气候和极落后的取暖条件。"1850年，查尔斯·皮克林博士访问了海地，他说那些玻利维亚人"赤身裸体从不着凉，一穿衣服反倒感冒了"。

前文已经论述过装饰说和巫术说。另外，保护身体重要部位倒有可能是导致服装起源的一种促发力。因为原始人既要为了生存去狩猎、采集，又要为了繁衍而保护自己的生殖部位，尤其男性将其视为生命之根。当人直立行走并频繁地穿越杂草丛去追赶野兽时，男性生殖部位就会首当其冲，处于毫无遮护的危险境地。这种情况下，缠腰布诞生了。通过对现存原始部落的考察，发现在非洲、南亚、澳洲等地还广泛存在着男性穿植物韧皮制裙子或兜袋的习惯（序图–7）。

序图–7　当代斐济人仍用兽皮为饰

如果服装起源确与吸引异性有关的话，我们可以从动物的求偶行为和发情期体貌变化上观察到直接的原因。雄孔雀尚且晓得展开画屏般的尾羽向雌性炫耀；吐绶鸡颈间的垂肉也会因追逐异性而变得通红；甚至鱼类在发情期都会出现闪光和变色现象，何况人呢？

服装起源于劳动需要的说法，历来不被人们所关注。但实际上，人们要奔跑着追打野兽、采集果实、捕获游鱼，恐怕最便利的办法就是用带状物将武器和已得到的猎物捆扎在身上。而这种再实用不过的原始动机，极有可能导致了人类服装的起源。在编织物中，很可能最早出现的是绳子，它的原始形态也许是几条鲜树皮树枝、兽皮兽尾，继而集束编成绳子。

迄今看来，人类对于自己祖先的服装起源，大致归为几种，除了以上所说过的装饰说、保护说、巫术说、表现（显示）说、异性吸引说以外，还有气候适应说、象征说、性差说等。

综上所述，服装起源绝不会是一个，但一定会有一个主旨，那就是为了生存与繁衍。这是人的本能。这种本能延伸的结果，就出现了衣服与佩饰。

延展阅读：服装文化故事

1. 青蛙纹肚兜源于女娲

民间传说，伏羲和女娲在漫天洪水、世间无生物的时候通婚。为了繁衍后代，女娲在肚兜上画了几只青蛙，因为青蛙生育力很强，"蛙"又谐音"娃"，因而流传至今，寓意预祝生养，人们会在服装上绘上青蛙纹或是用泥塑成一只青蛙，摆在自家或是送人。

2. 两个蚕神在中国

中国有两个蚕神，一个是黄帝元妃嫘祖，人们也将她唤作"先蚕"；另一个是马头娘，这在多种古籍中都有文字描述。嫘祖一说或许是因为在新石器时代晚期，黄帝发明了舟车，于是将养蚕的功劳归为黄帝元妃。马头娘一说源于一段马和人的爱情故事，最后因被杀死的马剥成的马皮钉晒在墙上，姑娘从墙前走过时，马皮卷起姑娘栖于桑树之上，从而留下一段凄美的传说。

课后练习题

1. 关于服装起源的学说主要有哪几种？
2. 结合所学专业知识，谈谈你对服装起源的看法。

第一讲　服装育成时代

育成时代约在170万年前~1万年前。育成时代的服装，是指人类历史上石器时代的服装，即指人类从直接采用植物为衣服，到以植物纤维去制作服装的探索过程。实际上，这一阶段应包括中西服装史上的三个时期，即草裙时期、兽皮披时期和织物装时期。

第一节　草裙时期

如果依据达尔文物种进化的理论，去推想人类育成时代服装创作的轨迹，最可信服的是在裸态时期以后，曾有一个草裙（植物编织裙）时期。

一、《旧约全书》中的草裙踪迹

《旧约全书·创世纪》中有一段人人皆知的故事，就是亚当、夏娃在伊甸园中，由于偷吃了禁果，发现在异性面前赤身裸体很害羞，于是扯下无花果枝叶系在腰间，这实际上类同于本书概念中的草裙。两河流域的湿润气候和肥沃土壤，能够给人们以足够的植物资源，因此，以草叶或树叶裹体，不一定只是神话传说，即使是神话传说也必然是以现实生活为基础的。圣经故事的重要意义在于草裙确实代表着人类服装创作的最早物态。

更为重要的是，在现代世界中，确实还存在着一些未被开化或仍保留原始社会生活生产方式的部族。他们仍然穿着鲜草或干草编织的裙子。有的部族人平时不再穿，但当有祭祖等传统节日时，他们依然要穿起草裙，以试图寻回人类初始的装扮（图1–1、图1–2）。

二、《楚辞》中的草裙影像

中国文学中，《楚辞》风格是独特而又闪耀着异彩的。由于楚地山水润泽，巫风盛行，致使《楚辞》始终带着迷人的色彩。

图1-1 当代南太平洋岛屿上还能见到草裙

图1-2 当代巴布亚新几内亚舞服中
仍然存有的草裙

图1-3 戴草冠、围树叶裙的女子
（根据屈原《九歌·山鬼》诗意描绘）

《九歌》中有不少诗句描绘出源于古老传说中直接取自植物的衣裳。如少司命"荷衣兮蕙带，倏而来兮忽而逝"，湘君"薜荔柏兮蕙绸，荪桡兮兰旌"，山鬼"被薜荔兮带女萝""被石兰兮带杜蘅"等着装效果，清楚地点明了远古时曾有直接以植物为服饰的景象（图1-3）。

除《九歌》以外，《楚辞》其他篇章中也多次提到植物的衣衫。如"制芰荷以为衣兮，集芙蓉以为裳。""衣摄叶以储与兮，左袪挂于榑桑。"这些诗句都间接朦胧地表现了植物与衣裳的关系。屈原《楚辞》中多次提到直接以植物为衣裳，除却他自喻清高之外，我们应该相信《楚辞》中诗句的真实性。因为哪怕是想象，它也有一定的根据，绝不是凭空而来。

中西服装史上虚幻且又真实的草裙时期逝去了，代之而起，或者说与草裙几乎同时交错发展的兽皮披又出现在广阔的地平线上。

第二节　兽皮披时期

兽皮披是狩猎经济的产物。在历史学研究中，认为狩猎经济与采集经济基本上是同时的。但是，无论是以从猿至人的发展走向看，还是从两种经济的手段难易程度看，狩猎经济只会晚于采集经济。猿是以植物果实为基本食粮的，并且采集又比狩猎现成轻松，冒险程度低。因而，人类在童年时期先从事采集，而后才以狩猎来补充采集的不足。

一、兽皮披原型的考证

最早的兽皮披是什么样子？在考古工作中也难以见到它的实物遗存。因为这至迟是1万年前旧石器时代的事。于中国西汉成书的《礼记》中载"东方曰'夷'，被发文身；南方曰'蛮'，雕题交趾；西方曰'戎'，被发衣皮；北方曰'狄'，衣羽毛，穴居"。虽然这是中原人以自己的口气去描述边远民族，但是它仍为我们勾勒出人类在文明时期到来以前走过的一段服饰历程（图1-4）。

如今想寻觅远古兽皮披的原型，可以从两方面进行：一是新石器文化遗存，如序章中所述法国岩洞中所绘的原始人舞蹈时披兽皮（上有角下有尾）的形象；再一个是"活化石"。未接触欧洲文明前，印第安人中的易洛魁人，即使在夏天，不论男女也都用一块长方形的兽皮围在腰下，冬天则把熊皮、海狸皮、水獭皮、狐皮和灰鼠皮等披在身上，用以御寒。在人类文明发展不平衡的偏僻、落后的一隅，一些民族或部落披兽皮以护身的现象，是存留至今的（图1-5、图1-6）。

二、兽皮披的具体形式

骨针发明以前，人类有可能已经开始穿着兽皮，只是它还仅限于披挂或绑扎，仅限于兽皮的简单裁割，而不能称其为披或是坎肩等。也就是说，还不能将其列入服装的正规款式之中。从骨针的尺寸、针孔的大小以及骨针的造型，诸如细长、尖锐等特点来看，这个时期的服装质料，主要是兽皮。因为花草树叶不用缝制，而经由纤维纺织而成的织物，又应该出现更短、更细的缝衣针。况且，在骨针出

图1-4　穿兽皮装的原始人
（根据考古资料臆想）

图1-5　当代仍处于部族生活方式下的人披兽皮、垂兽尾、戴兽牙佩饰

图1-6　当代仍处于部族生活方式下的人全身装饰物繁多

图1-7 直披兽皮的服饰形象
（作品现藏于埃及博物馆）

图1-8 当代仍处于部族生活方式
下的人佩饰相当精致美观

图1-9 当代仍处于部族生活方式
下的人依然以羽毛为饰

土的遗址中，尚未发现同时期的纺轮、骨梭等物，说明没有进化到纺织阶段。或许就在那数以万计的动物遗骸坑和遍及世界的旧石器时代遗址动物骨骼出土物之中，曾经诞生过兽皮披。人们将赤鹿、斑鹿、野牛、羚羊、兔、狐狸、獾、熊、虎、豹，甚至大象和犀牛猎杀后，先是将其皮用石刀剥取下来，然后再去切割里面的肉，或生吞，或火烤。果腹之后，将兽皮上血渍用河水冲刷掉，然后按需要的形状用石刀裁开，再将这些兽皮片用骨针穿着兽筋或皮条缝制起来（现代的爱斯基摩人就是以动物的筋腱为线，以缝制皮衣）。原始的有意味的服装形式，很可能就这样诞生在水塘边。

将服装史上这一阶段的典型服装，称为兽皮披，而未称为兽皮装的原因，在于披（简单裹住身体躯干部位）是原始人最普遍的服装款式，无论从服装起源的哪一种论点说起，人们都认为裹住躯干部位是首要的（图1-7）。与此同时，大量佩戴野兽的角、牙成为同一时代风格的衣与饰的巧妙组合（图1-8）。

另外，北美中部大草原上曾散居着许多印第安人部落。他们以狩猎为生，过着游牧生活，间或从事耕种。大草原上的印第安人擅长用野牛皮制作衣服、靴、鞋和器具，而这些工作均由妇女所承担。她们先用石刀刮除动物肉膜和杂毛，再用圆石子把干缩的皮革鞣软，最后用骨头锥子和用筋腱制成的线照服装样式把兽皮缝合起来。男女服装虽然区别不大，却尽可能加以装饰。通常是用豪猪鬃绣出各种花纹，后来也流行用小玻璃珠穿成花，并饰以璎珞，即使鹿皮鞋也做类似装饰。有的部落酋长还在野牛皮制外衣上画着他们参加各次战斗的情景，并戴着一顶直拖到地的由老鹰羽毛和貂皮制成的帽子（图1-9）。

第三节　织物装时期

人类从直接采用树叶草枝和兽皮羽毛为衣，进化到以植物纤维和动物纤维织成衣服面料，这是服装史上一个了不起的跨越。它标志着人类在制作服装时，已经充分运用了巧思与工艺，人为地对天然物再加工，它是人类智慧在服装史上的巨大闪光点。

一、埃及、中国等地的葛、麻织物

地处北非的古埃及，几乎是现在世界史学者公认的最早进入帝国制的国家之一，但非常遗憾的是，埃及文字对于埃及史前文化记述的并不是很多，而且与古埃及文化同时并进的西亚美索不达米亚文化，其对苏美尔王国以前的历史记述也都不多。可是，尼罗河与底格里斯河、幼发拉底河确实给了埃及和西亚种植农作物以天然优势，让尼罗河流域和两河流域的人民很早以前便穿上了亚麻纤维制成的衣裳。

按目前出土文物情况看，早在新石器时代，埃及就已经出现了最初的染织工艺。佛尤姆出土的亚麻布便是当时服装面料纺织工艺的典型遗物。

葛、麻类植物，也是早期织物主要的来源之一。葛，是一种蔓生类植物，茎皮经过加工可以织成布。细葛布在中国被称作"绨"，粗葛布被称作"绤"，绨中更细的，又被称作"绉"。

麻，在东亚一些国家中泛指大麻和苎麻，区别于西亚、北非和南欧的亚麻。由于中国是大麻和苎麻的原产地，因此在世界上已将大麻和苎麻称为"汉麻"或"中国草"。葛、麻纤维都是指它的皮纤维，古代将麻、葛水沤，剥下皮层，捋出纤维。

从中国三门峡庙底沟遗址和华县泉护村发现的布痕来看，至迟在原始社会后期，中国人已开始运用原始的纺织技术（图1-10）。妇女们剥取葛、麻纤维，用陶质或石质纺轮加工，再织成粗布。

另外，在美国俄勒冈州的夫奥特·罗克洞里，发现了一双用山艾蒿的皮织成布以后做成的凉鞋，通过放射性碳14测定，确认这双凉鞋已有9000年的历史了。

图1-10　人头形器口瓶呈现的服饰形象
（甘肃大地湾出土彩陶）

二、南土耳其等地的毛织物

以牲畜皮毛为纤维织成服装面料的工艺，多出现于高寒地带或是游牧民族中，这首先取决于材料来源的便利与实际需求。牲畜类毛皮中有绒毛，细软而有弹性，坚韧耐磨，纺后可做织物。

在南土耳其，曾发现过距今8000年的毛织物残片。这块布以原有形状被炭化了，因而被原封不动地保存下来。经鉴定发现，这块毛织物的纤维表面光滑、粗细均匀，而且很少有粗糙起毛现象，居然和今天的粗纺毛料织物的密度一样。这说明在地中海一带不但亚麻织物起源早，毛织物也属先进行列。

三、中国的蚕丝织物

中国是世界上最早发明养蚕、缫丝、织绸的国家。而且从新石器时代开始，以致后来相当长一段时间里，都是世界上独有的和先进的。

除了历史上"嫘祖养蚕"和"马头娘"的神话传说以外，1926年，在山西夏县西阴村的新石器时代遗址中，发掘出半个蚕茧。茧长15.2毫米，宽7.1毫米。经推断，很像是原始人为了在取丝的同时仍可食蛹而有意切开的。在与"半个蚕茧"同时期或是相近时期的遗址中，几乎都有石制或陶制纺轮及陶纺坠等出土，以及有尖有孔的长骨针。

另外，1959年在江苏吴江梅堰遗址中出土的黑陶，纹饰上也有形象鲜明的蚕纹，各处出土的蚕形玉件更多。这些实物资料和纹饰资料更进一步证明了，中国以丝为织物是起于新石器时代，至迟在公元前三千年。

四、早期织物装款式剪影

在织物装时期，早期服装款式特征已经凸显出来。从目前发现的新石器时代晚期和金属时代早期形象资料看，可以确定当时服装款式主要是裙。只不过当时的裙并不同于今日裙的概念。

早期的裙造型十分简单，然而种类多样，大致分为以下三种：

第一类裙是以兽皮或一小块编织物围在腰间，垂在腹、臀部。从古代岩画和现存原始部落中可以找到很多类似实例。苏格兰男人的花格裙、巴布亚新几内亚的草裙、中国明代男性劳动者套在长裤外面的短裙等，都属于这一类（图1-11）。

第二类裙是从上身沿着身体一裹，好像是披在身上，长及臀下，但没有袖子，腰间用带子一系，下面俨然是个裙子，只不过连同上面的部分，很像是今日的连衣裙。中国甘肃辛店彩陶中，有几个散落的人形绘图，其整体着装形象与当代穿束腰连衣裙的形象非常相似（图1-12）。上半身有肩无袖，束腰，腰下渐阔，长及膝盖。

图1-11 北美洲仍处于部族生活方式
下的人着裆带、佩舌饰

图1-12 穿贯口衫的原始人
（甘肃辛店彩陶纹饰）

图1-13 法国南部克鲁马努岩画洞壁上早期服装样式

这种裙装由于至今在边远地区少数民族甚至大都市中仍有穿着者，所以款式来源或者说成衣方法可以得到确切的答案（图1-13）。

第三类裙是胯裙。胯裙是裙的典型款式。目前可见的早期胯裙形状，是古埃及王国艺术品上的形象描绘（图1-14）。

稍微复杂一点的胯裙，实际上是较宽些的束带，它往往在腹前再系成一个略宽的垂饰。同这样制式相似的胯裙，是一块正菱形布块，在穿用时大概形成三角形，使其底边围在腰部，三角的顶点下垂于双腿之间，再用另外两角围腰系紧。这是在整个古埃及

图1-14 埃及胯裙

图1-15　埃及亚麻纤维胯裙

图1-16　西班牙东部崖壁画上的早期服装样式

帝国时期一直沿用的胯裙服式（图1-15）。

织物装时期的服装款式到底是怎样的，截至目前，我们只能从若干艺术品图像上获知一些形象。尽管如此，这些人类早期的服装款式间接资料仍是十分珍贵的，它为后人描绘出一个大致的服装款式图形，使得这一时期的服装史不至于成为空白（图1-16）。

五、早期佩饰的人为加工

织物装时期的佩饰品，已经显露出人为加工的积极迹象。

1966年，在中国北京门头沟东胡林村，发现了新石器时代早期的墓葬。在一个少女遗骸的颈部，有50多颗小螺壳制成的项链，在腕部也发现了用牛肋骨制的骨镯。另外，山东大汶口出土的骨笄和骨坠，制作都很精巧。笄是盘发后用以固定的饰物，后来发展为簪子。骨坠常和石珠、玉珠一起穿成链式串珠，这很显然是身上佩戴用的饰件。

除了骨笄以外，中国新石器时代遗址中还曾出土绿松石笄和蚌笄。同时期的耳饰，更是五花八门，最为广泛使用的就是玉石或玛瑙做成的玦。

在这些项饰、耳饰等佩饰品上，能够清楚地看到，与旧石器时代相比，新石器时代佩饰加工工艺水平已经有了显著的提高。最显著的区别在于后者在天然材质上留下了较多人为加工的痕迹（图1-17）。

图1-17　大汶口文化玉串饰

据《非洲和美洲工艺美术》一书中提供的资料看，古埃及原始人类，由于受到巫术思想的支配而盛行佩戴具有护身意义的装饰品。巴大里人无论男女老幼都在颈、臂、腰、腿上挂着由珠子和贝壳所做的项链或带子。法雍人也佩戴着从地中海和红海捡来的贝壳，以及从撒哈拉沙漠采来的天河石所做的珠子。当天然贝壳不便取得，对自然物加工手段逐步提高时，人们便开始在金银宝石等原料上巧施技艺来制得佩饰品了（图1-18~图1-21）。

图1-18　约公元前2055~前1985年埃及
十一王朝的项饰

图1-19　埃及晚期圣甲虫护身符

图1-20　约公元前1250~前1100年埃及新
王朝的金戒指

图1-21　埃及托勒密王朝早期的蛇形金戒指

纵观这一时期的服装资料，仍可认为这时以服装来有意区分、标定身份等级的做法还很少。世界上除了埃及进入早期王朝以外，其他大部分地区还处在新石器时代。服装的育成时代，是人类从直接利用自然，到有意识地对自然加工、修饰以美化完善自我服饰形象的探索中，迈出了意义重大而影响深远的一步。自此以后，人类利用自然材质做成符合意愿的服装的手段越来越复杂，也越来越高明了。

延展阅读：服装文化故事

1. 张果老草鞋有底有面

草鞋的诞生，主要是民众因地制宜、因陋就简而解决的足服问题。曾有传说草鞋是起源于八仙之一的张果老，而且说张果老编的草鞋有底有面，不同于我们看到的草鞋底上有几条草绳交叉的样子。这一来，使得草鞋也有仙气了，可以想见中国人的诙谐与面对穷苦的乐观精神。

2. 最早的图章戒指

古埃及时帝王有一种象征权力的图章戒指，需要时也可授予部下，好像中国的印玺，又似中国的虎符。这在《旧约全书·创世纪》以及同书的《以斯帖记》里都有记载。古希腊时延用，古罗马和中世纪时主要成为身份象征，也作印章使用。

3. 雅典娜发明了口红

古希腊传说中雅典城保护人、智慧女神雅典娜发明了纺毛绒等许多工艺，甚至口红也是她发明的。有一天，她送给随从一卷纸后飞身而去。随从打开后发现纸上只是红颜色。谁知被海中仙女们抢去涂在了嘴唇上，一下子显得特别漂亮，于是口红流行起来，受到普遍的欢迎。

课后练习题

1. 兽皮披指的是什么样的服装？
2. 织物装时期，人类可以利用的服装织物有哪些，分别具有什么特点？
3. 简述织物装时期服装款式的类型。

第二讲　服装成形时代

当人类将葛分离为纤维；将麻浸在水中使其剥离、柔软（初期不脱胶，成片使用），然后将其劈成麻丝；将兽毛分拣、捋顺；将蚕茧水煮、缫丝；将棉花抽出纤维以后，又用自己独到的构思、灵巧的双手，将植物纤维、动物纤维纺成线，织成布，最后裁制成衣裳。这期间，衣服与佩饰进入了成形时代。这一发展的必然结果，标志着服装原始的、简单的缠裹式与披挂式宣告结束，佩饰原有的简单钻孔与磨光也已瞠乎其后。衣服与佩饰的真正成形，将服装史向前推进了一大步。

在服装史中，服装成形时代是一个短暂的阶段，约为1万年前~公元前11世纪，它基本上相当于新石器时代晚期和金属时代早期。

第一节　服装形态

服装由无形到有形，当然不是在一朝一夕突然实现的。可是，无论其雏形期经过了多么漫长、艰苦的历程，当它已经具备雏形以后，就显得迅速、从容多了。

至服装成形时代，已大致有了上下分装的形式。那就是上衣护住胸背，无论有无袖子，都有一个圆洞形的敞领，有了肩，同时有了开襟的形式。这种开襟可以从胸前正中开，也可以在一侧腋下开，还可以斜开使前襟呈三角形，以一角向后裹去。总之，类同今日概念的坎肩、背心、马甲出现了。而腰下以一块布横裹护住腹部、臀部的服装，也基本确定了一个比较恰当、适用而且通用的长度，那就是最短也要垂至耻骨以下，再长可到膝上、齐膝、膝下、踝骨甚至曳地。这种被称作裙子的下装，也由单纯缠裹过渡到筒状，形成从头上或脚下才能穿起来的式样，自此人类开始有了可以称得上成形的衣裳。

服装成形初期，男女服装性别差异甚微，这从埃及的胯裙、地中海一带的围巾式缠绕长衣和项饰上都能够看出来。而且年龄，特别是身份差异也不明显。当时人们制作服装的工艺水平虽然不如后代先进，但也足以使性别、身份、地位以及年龄的差别用着装形象区分开来。然而，他们没有那样做。关键不是早期服装一定简单，而是人们并不需要这样做。

服装从起源至成形，服装本身的地位提高了，它所蕴含的文化成分也越来越多。可以这样说，服装成形即意味着人类的文明与进步向前又跨出一步。

第二节　服装类型

服装成形初期，显现出几种最有代表性的服装形状和着装构成，如贯口式、大围巾式、上下装配套式等形式，另外首服（帽子、头巾）、足服（鞋子）以及佩饰和假发也已开始形成。

一、贯口式服装

很早的时候，贯口式服装在中国就出现过。如甘肃辛店彩陶上散落的人形着装，就大致可以断定是贯口式服装。这种在长度为两个衣长、幅宽足够使人体自由活动的衣料中间挖洞，将头从中伸出的式样，在北美印第安人披肩和日本人早期服式中，都可以得到印证（图2-1）。

在此之后，在中间挖洞时就要有讲究的领形了，按穿用者颈项的围长，裁出一个相等的、规则的圆洞。再由这孔洞正面的下缘开始，直到胸前下方的中央部位，剪开一道缝隙，这标志着领形的确立。这种贯口式服装，应该说仍然是对于动物表皮的模仿，它穿起来四周宽松，长可前后曳地。两臂之下已经被缝合起来，无疑等于确立了整体服装的形象基础（图2-2）。

贯口式服装由于套在上身，即使没有腰带也可以固定在肩，不致脱落。它自成

图2-1　原南斯拉夫瓦切哈尔斯塔特时期
　　　　贯口式服装

图2-2　贯口式服装裁制示意图

形以来，一直被作为一种简易式服装样式被保留着、应用着。如今的圆领汗衫、睡衣、日本厨衣和儿童饭单及夏季穿的小绸衫，仍然可看作是贯口式服装基本形的发展。这也说明，这种制式是人类根据自身需求自然而然地制作出来的。

二、大围巾式服装

大围巾式服装，意指用一块很长的布料，将身体缠裹起来。其布料形似大围巾，而前缠后绕以后竟会出现一个完整的着装形象。其最后形成的整体着装形象，直接与固定缠绕效果的饰件有关。这种服装自成形以来，延续时间也很长。从埃及开始，经由苏美尔、亚述，直至希腊、罗马，始终保持着基本形，今日印度的莎丽仍属于这种大围巾式服装一类。

大围巾式服装的缠裹程序不一样，有的很简单，用料也节省；有的则较为复杂，但成形后式样很优美（图2-3、图2-4）。

复杂的大围巾式服装在复杂的缠绕之中体现了一定的艺术性。这种式样的缠绕程序可以是这样的：一块布料从右侧乳房开始向后缠绕，由左臂下方折回，使布料两端在胸前中央接合，同印度的裹布装束一样，上端边缘结成紧凑的一组褶皱，再用饰针或者不易看见的小皮带系牢。这时，布料仍在左臂下方，沿后背缠绕身体一周，接着拉紧向右肩，至此，打成时髦的褶纹而固定下来。在腰部下方，将布料再翻倒起来，让其饰边露在外面，贴近胸前，然后将衣服边绕过颈项，再通过左肩，与开始的一端接合，将两端同时系紧在胸前左侧（图2-5）。

公元前3000年起，人们将底格里斯河与幼发拉底河河流冲积而成的"肥沃的月牙州"称为苏美尔。当时的定居者就被称为苏美尔人。苏美尔人的早期服装同埃及

图2-3 古希腊人的大围巾式服装

图2-4 公元前1世纪的雕像细致地刻画了复杂的大围巾式服装

图2-5 安东尼王朝雕像上显示的更为成熟的大围巾式服装

图2-6 罗马男女大围巾式服装

人的一样，也是这种大围巾式服装。有的缠一周，有的缠几周，其端头较宽，由腰部垂下掩饰臀部。

在众多的大围巾式服装式样中，也有对称式的，即不像以上所涉及的那样露出一侧肩、臂。经过实际操作验证，用这样的围巾缠在身上，必须要有相应的饰件或其他恰当手段来固定。直至巴比伦第一王朝，这种服装还被沿用着。当时画像中所绘的国王，即是身穿白色短式胯裙，左肩有白色的折叠"围巾"，交叉于背后，再从右臂上来，最后固定于左上臂。

从大围巾式服装的缠绕方法来看，这种服装式样已经初步定型，不但呈现出一种特有的优雅姿态，而且有了一套规律的缠绕程序和模式（图2-6）。

三、上下配套式服装

着装形式中的上下配套式服装，意味着一身衣服要由上下两件构成。这就等于说，上衣成形的基础要符合人的上半身形体和动态需要；下装成形的基础要符合人体腰部以下肢体的特征和动态需要。这些要求决定了服装要能伸出头部、舒展四肢。因此，上衣最少要有领、肩、袖等部位，下装无论是将两腿合为一体（裙），还是分而置之（裤），都要能固定在腰间。

（一）上衣

在服装成形时代，上衣的成形趋向不是单一的，较之下装要丰富一些。主要可分为三种：

第一种是典型的有肩有袖上衣形，成形于埃及王国第三至第六王朝。在当时这种形式或许只限于非重体力劳动妇女穿用。可以想象，在埃及那种燥热的气候条件下，劳动时还是穿无袖上衣更为便利，因而那种有袖的上衣，基本属于妇女的盛装了（图2-7）。

第二种是大围巾式长衣和贯口式长衣的缩短成形。埃及帝国时期服装的特点之一，就是上衣和下装的结合。除了以上提到的有肩、有袖、开襟式上衣外，长于胯裙、呈横褶波纹的贯口式上衣，也是十分流行的。其中某些上衣呈半透明状，轻盈、细腻。那些下身穿直筒长裙的妇女，仅以一条宽大的围巾在上身作简单的整饰，也形成了一种实际上的上衣（图2-8）。

第三种是典型上衣成形，不同于前两种衣形，这种上衣形式呈现出封闭的趋势，如中国商代时已完全成形的交领上衣（图2-9）。在中国河南安阳殷墟墓中出土

图2-7　埃及二十王朝拉美西斯四世泥岩雕像显示的服饰形象

图2-8　埃及十一王朝彩色紧身衣

图2-9　中国穿交领上衣的男子
（周代传世玉雕）

的玉人立像，就穿着一件交领上衣。上衣底襟系在下装里面。侯家庄西北冈墓踞坐的人像，也是穿着交领上衣。

（二）下装

下装形式主要为裙和裤子。裙形可分为以下三种：

第一种是胯裙，它短而下敞，裙长一般在胯下至膝中，少数在膝下，裙外形轮廓呈正三角形（图2-10）。

第二种下装裙形在埃及早期王国时期也已形成，这种裙身紧紧贴在人体之上，最上边缘都在腰部以上，大多以一条或两条宽挎带挎在肩上，不在腰间固定。从腰缘到下摆呈直角状，直至膝下小腿肚中部或踝骨处才收边，其主要特点是长而窄瘦，紧裹躯体，裙腰边缘上至腋下或腰上，裙下缘到踝骨或略上（图2-11）。这种在埃及王国时期成形的裙式，至苏美尔人统治美索不达米亚时，又有所发展，如使裙料上端在后背左侧相交叉，然后再由3~5个扣结固定下来。

第三种下装裙形是以柔软的布料，做成宽大的外形。裙长一般拖地，也有的只到踝骨处。这种裙

图2-10　古埃及的裤裙初始款式

图2-11　古埃及穿胯裙的
《老村长像》

形的肥瘦程度以及长度，成为典型的古典裙装的标准。东方中国乃至东亚一带和欧洲的古代裙型中有很多属于这一种。它的主要特点是肥且大，下摆外敞，至脚面，裙腰大多固定在腰间（图2-12~图2-15）。

除了裙子以外，下装还有将两条腿分开的裤子。从人类服装的自然发展情况来看，裤子的出现是合乎常规的。因为最初以树叶或兽皮缠裹时，最方便直接的做法就是将腰下至两腿都裹在一起，而当开始考虑到两腿需要分开活动，要各伸入一个服装部分时，下装的外形就走向复杂与成熟了（图2-16）。

裤子成形于何时，历来说法不一。有一种说法认为在史前文化期间，俄罗斯人在寒冷的冬季，就曾穿着皮裤。在布兰奇·佩尼的《世界服装史》中，认为历史上出现得最早的完整的分腿裤子，而且裤管刚好

图2-12　克里特人的短袖衫下有讲究的胯裙

图2-13　上为短袖、长衣系带的古希腊神庙礼拜者

图2-14　中国穿胡服的女子
（河南洛阳金村战国墓出土铜俑）

图2-15　中国穿曲裾服、长裙的女子
（四川成都出土镶嵌采桑宴乐水陆功战纹铜壶纹饰局部）

图2-16　法国南部克鲁马努岩画洞壁画早期服装样式

拖至平底鞋上方的裤形，是波斯人对服装所做的历史贡献。佩尼认为，产生裤形的主要原因，是由于波斯人居住在崎岖不平的山乡，习惯于骑马狩猎，他们最先用动物毛皮做服装，这就必须将皮衣做成适合遮体的形状，这样既适于保护双腿又便利打猎等活动的裤形出现了（图2-17）。

根据目前确切的资料记载，中国在商代已经有了分腿的裤子，这从商代玉雕人物着装上可以得到证实。当然，这仍然不能说明裤子成形的上限年代。

这样看来，虽然裤形比裙形出现时间晚，但其成形时间基本一致。随着这种下装形制出现并被人穿用，裤形从此作为一种服装形态进入了服装史的长河中。

图2-17　公元前600~前300年的
裤装形象

（沙卡·梯格拉索达出土）

四、首服与足服

首服最初成形之时，一种是戴在头上的帽子，另一种是裹在头上的缠头布。

首服样式五花八门，其形成期在各地也参差不齐。不过可以这样说，在服装成形时代的这一历史阶段中，首服也已进入成形阶段（图2-18）。

相对于首服来说，人类穿着服装的前期，还未顾及到脚。古埃及人直到帝国时期才意识到穿用鞋袜的重要。尽管在有关雕像上发现了埃及在公元前两千年的拖鞋，但实际上鞋袜远未达到普及的程度，因为所有的人，包括王室贵族，大都是赤脚出现在众人面前的。

图2-18　古埃及中期国王的王冠

（现藏于大都会博物馆）

据推断，最原始的鞋是用雪松树皮或棕榈树皮做成的"拖鞋"，有时也用柔软的山羊皮做鞋。后来才出现向上翘起的尖头，这大概是受到东部地中海区域的影响（图2-19）。

然而，在我们所划定的服装成形时代中，东亚中国人的足服，不仅成形，而且出现了多种式样、考虑到多种用途了。客观地考察中国早期足

图2-19　古罗马人的鞋形

图2-20　创作于公元90年的肖
像上的精美假发
（传为罗马皇帝蒂图斯的女儿茉莉娅）

图2-21　埃及戴假发的女子
（木雕）

服，会发现在这一时期出土的人像上，绝少见到赤足者（图2-9、图2-14）。但是由于当时工艺水平低下，加之重视不够，足服的历史踪迹往往不太清晰。这就为我们论述足服成形带来一些困难。不过，在商代以后的古籍中，有了对足服非常详细和形象的描述与记录。就此可以认定，足服出现比主服要晚，但成形时间几乎是同时的。

尽管足服在世界上发展的进度不一致，但可以这样认为，足服在寒冷区域中出现的较早，在炎热潮湿的地带出现较晚。还可以初步认定，足服之初，鞋与袜是一体的。鞋成形以后，袜子也独立成形了。

五、佩饰与假发

佩饰的含义不仅仅在于人身上的佩饰品，或是整体服饰形象上的点缀物。佩饰是人的服饰形象的重要组成部分，上至头簪、发钗、手镯、指环、胸结、腰链，下至脚镯、鞋花等，都属于佩饰之列。佩饰的成形也有一个发展过程，自远古的贝壳、兽牙项饰到服装成形时代，其基本形也已确定。而且比起服装，佩饰成形之后的变化要相对稳定，诸如假发、耳环、手钏乃至腰带等，从成形以来基本形态未出现大的变动。只是伴随质料和人的审美观念的变化，后世比前代更为丰富多彩。

埃及古王国时期，假发已成为服饰形象中相当重要的一部分。由于当时的埃及人早已养成讲究清洁卫生的习惯，并有了衡量清洁与否的完美标准，所以讲究剃须修面，男女皆剃去头发，有时男子剃光，女子剃短。但剃去头发后并不总是裸露着，为了在室外防晒和在室内保持尊严，埃及人普遍戴上了假发。这些假发的质料，并非都是人的头发，有些是用羊毛，或是用棕榈的纤维制作的，然后再用网衬加以固定（图2-20、图2-21）。

在古老的中国，除了犯人以外，人们没有剃发习惯，而女性又以浓密、乌黑的头发为美，所以只得用犯人的头发来补充自己发髻的不足。从汉代墓葬中出土的假发实物看，已经用黑色的丝线充当假髻，这说明犯人的头发远远不能满足假发制作的需求了（图2-22）。

很早以前，埃及人就与项圈等饰件有密切关系。在王国早期墓葬出土物中，有一串串小贝壳、亮晶晶的带色小念珠、水晶石、玛瑙和紫石英等，都雕琢成圆形或长方形，制成项圈配饰。项圈的外形，可以说是整个古埃及历史上的典型标志（图2-23、图2-24）。

中国公元前3000～前2000年的彩陶人形器皿和陶人像上，都很清楚地显示着在耳垂部有穿成的耳孔，耳环和项饰等也频频出土。这说明金属、宝石饰件有可能比服装成形期要早，至少这一阶段不是佩饰成形的上限（图2-25）。

佩饰成形的意义，在于佩饰在人的整体服饰形象中所占的地位，以及它与身体相适应而形成的形状与形式。佩饰弥补了衣服的缺憾与不足，并引发出人对整体服饰形象的完美追求。

图2-22　战国穿舞衣的女子假发形象
（河南洛阳金村墓出土项饰局部）

图2-23　古埃及法老王公主用372颗宝石
缀饰的项链坠

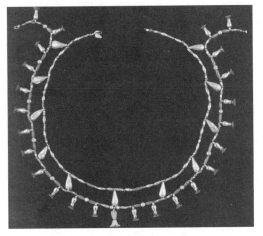

图2-24　约公元前1330年埃及十八王朝
时期的项链

图2-25　甘肃出土的陶人头

延展阅读：服装文化故事

1. 牛郎织女情意深

可能牛郎与织女的爱情故事太感人了，所以历代文学乃至今日的舞台上，人们颂咏不尽。传说玉皇大帝的七女儿，下嫁给雇工董永，因为她十天之内织出一百匹双丝细绢，才使得卖身葬父的董永很快就和她完工返家。"织女"也成为勤劳善良聪慧女子的代名词了。

2. 七重门与七件衣

西方神话传说中，说古代苏美尔人有位女神，名叫英安娜，她被誉为丰饶、性爱和征战的女神，在苏美尔语中意为"天之主宰"。据说她穿着七件衣服，每件都有神力。冥世之主埃雷什基伽尔将她骗往地府，告诉她过七重门时，每过一门要脱掉一件衣服。这样，她过了七重门后便赤身裸体，神力全无，幸亏她父亲智慧之神恩基派人把她救了出来。看来古苏美尔人已认识到衣服的社会功能了。

课后练习题

1. 贯口式服装指的是什么样式的服装？
2. 大围巾式服装主要指哪一类服装？
3. 服装成形时代，上下配套式服装都有哪些形式？

第三讲 服装定制时代

本书的定制之"制"，特指有关着装的惯制与服装制度。

服装史上的着装惯制，一方面，指人们在经过服装创作摸索一段时期以后达到服装成形，而成形以后，又逐渐形成一套在各区域、各层次约定俗成的服装穿戴习惯。另一方面，国家制度中也有服装制度，也就是说，服装形制被规范化，直至形成被政令明文规定的衣冠文物制度，诸如西方国家的"节约法令"。中国从周代开始，历代都有对于舆服的规定，以致在"二十五史"中从《后汉书》开始有十部设置《舆服志》专目，以强调车马仪仗和服装制度在国家秩序中的重要性。这一阶段相当于公元前11世纪~公元前3世纪。这段时间，中国从商代末年，经西周、春秋、战国、秦而进入西汉。美索不达米亚、亚述王国的版图也已由波斯湾延伸到地中海，再向南伸至埃及，处于势力强大期，而后由波斯人取得亚述一大片国土的统治。在欧洲，指从丹麦青铜器时代、克里特岛文明鼎盛期、古希腊艺术繁荣期到罗马皇帝君士坦丁将首都东迁以前。在此期间，文化比较发达的国家，服装已经形成惯制，有的已被列入国家制度之中，形成了该区域或文化圈内的服装传统，成为后来多少代人继承的模式。

需要说明的是，服装史从这时已经显示出人类在积极地赋予服装全方位的文化表征，而不再单纯地作为穿戴在身上的衣服、佩饰，也不仅仅是民俗仪式中的精神代用品了。服装定制意味着服装与国家制度、社会文化紧密联系在一起。从此，服装与政治、经济、宗教、文化、艺术息息相关，服装的含义逐渐变得丰富而深厚。

第一节 中国周代的服装制度

古老的中国在夏、商、周三代时，正是汉民族文化奠基并走向成熟的时期。这种文化一直延续到汉代并形成规模。其中周代所确定的仪礼，赋予后世以重大影响。

一、服装制度产生的条件与依据

国家政权的确立，需要一种等级制度。当时的统治者希望以此来达到一种稳定的秩序。随着土地所有制的变化，中国在西周时，等级制度已经非常明确。但是，以什么来标明并强调这种等级差别呢？于是，统治者将注意力集中到服装上来，服装可以起到一种"别上下，辨亲疏"的特殊标志作用，从此，贵贱有差，尊卑有别，上自天子公卿，下及士庶百姓，在衣着上都被规定出一套完整的体制与礼法，任何人不准僭越。

在制定这些服制时，依据什么去创造帝王百官的威严，以对外威慑诸邦、对内规顺百姓呢？如果没有一些可以令当时人信服的依据，服装是很难起到这种作用的。

当时人们认为黄帝、尧、舜统治天下时，之所以天下太平、耕作有序，是因为他们顺乎了天意和民意。黄帝、尧、舜穿着的衣服是上衣下裳，主要是象征乾坤秩序。服饰形制顺从这种意向，社会才不纷乱杂错。这种秩序在以后发展为"天道""天理"，并延伸应用到人世间的君臣、父子、夫妇间。乾坤显然是中国人所追求的秩序的原本模式，也是中国服装制度起源的主要依据。

中国人按照自己对宇宙的认识和理解，设计出一系列"合乎天意"的服饰，这些服饰被后世长期沿用而且有增有减，直到民主制诞生，它们才随着封建制度退出历史舞台。

二、天子公卿冕服形制

冕服是服装制度中的重要内容，从孔子"服周之冕"来看，周代冕服十分规范。从最典型的形制分其服饰种类，即包括冕冠、上衣下裳、腰间束带、前系蔽膝、足蹬舄屦等。

（一）冕冠

头戴冕冠，是帝王冕服的最大特征，其具体形制，主要是冠顶一块平放的木板。据汉代叔孙通所撰《汉礼器制度》所讲："周之冕，以木为体，广八寸，长尺六寸，上以玄，下以纁，前后有旒。"这块长方形木板被称为綖板，上面黑色，下面绛红色。綖前端略圆，后部方正，以隐喻天圆地方。戴起来时，前方略比后面低一寸，以提醒君主俯就之意。

綖板的前后两端，则垂以数条五彩丝线编成的"藻"，藻上穿以数颗玉珠，名为旒。一般为前后各十二旒，但根据礼仪轻重、官职大小，也有九旒、七旒、五旒、三旒之分，每旒玉珠多为九颗或十二颗。其中十二旒为最贵，每旒十二颗玉珠，专用于帝王。如图3-1为晋武帝冕服参考图，沿用的即是周代的冕服制度。

綖板之下的冠两侧各有一个小孔，冠戴到发髻上以后，要以笄从一侧小孔穿进，穿过发髻，再从另一侧小孔伸出，以固定冠体，免其歪斜坠落。在玉笄的顶端，结有冠缨，名"纮"，使用时绕过颌以下，再上提固定在笄的另一端。

冠的两侧，垂下两条丝绳，名"纊"，天子诸侯用五色，人臣则用三色。在纊的末端，即耳部附近，各系一颗珠子，名"瑱"，又名"黈纩"，也有叫"充耳"的，天子用玉，诸侯用石。这种玉珠石珠悬挂于耳边，意在提醒戴冠者不要听信谗言。綖板前端低俯的样式也具有规劝君王要仁德的重要意义。

图3-1　皇帝冕服参考图
（唐《历代帝王图》中晋武帝司马炎）

（二）衣裳

冕服多用玄衣而纁裳。玄衣，指黑颜色的上衣；纁裳，指绛红色的下裙。上衣下裳取之于乾坤。玄衣纁裳意义在于：上以象征未明之天，下以表示黄昏之地。上衣纹饰一般用绘，下裳纹饰一般用绣。绣绘的手法也因纹饰内容不同而有所区别。

《虞书·益稷》中记"欲观古人之象，日、月、星辰、山、龙、华虫作会（绘）、宗彝、藻、火、粉米、黼、黻、缔绣并以五彩彰施于五色，作服汝明。"其含义是：绣日、月、星辰，取其照临之意；绣山形，取其稳重之势；绣龙形，取其应变之能；绣华虫（雉鸟），取其文丽之容；绣绘宗彝，取其忠孝之道；绣藻，取其洁净之本；绣火，取其光明之源；绣粉米（白米），取其滋养之恩；绣黼（斧形），取其决断之气；绣黻（亚形或两兽相背形），取其明辨之思。以上纹饰被称为十二章，除帝王在隆重场合穿着以外，其他诸侯人臣可以根据级别、场合而相应递减（图3-2）。

穿着冕服时腰间束带，带下佩一块长方形皮子，被称为"芾"或"蔽膝"。蔽膝初为遮护生殖部位，后来演变为礼服的组成部分，只为保持贵者的尊严了。

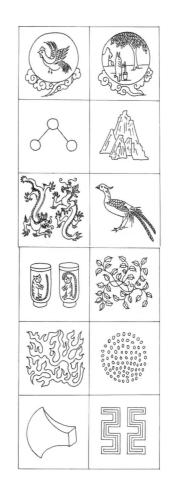

图3-2　十二章纹饰：日、月、星辰、山、龙、华虫、宗彝、藻、火、粉米、黼、黻

（三）舄屦

《周礼·天官·屦人》云"掌王及后之服屦为赤舄、黑舄、赤缋、黄缋、青句、素屦、葛屦"。着冕服，足蹬赤舄，诸侯与王同用赤舄。三等之中，赤舄为上，下为白、黑。王后着舄，以玄、青、赤为三等顺序。舄用丝绸作面，木为底。《古今注》讲："舄，以木置履下，干腊不畏泥湿也。"似为复底。屦为单底，夏用葛麻，冬用兽皮，适于平时穿用，也可配上特定鞠衣供王后嫔妃在祭先蚕仪式上专用，屦色往往与裳色相同。

三、王后贵妇礼服规定

《周礼·天官·内司服》中称："掌王后之六服：袆衣、揄狄、阙狄、鞠衣、展衣、缘衣、素沙。"这说明，周代不仅有掌管帝王服饰的"司服"官职，而且有专管王后服饰的"内司服"。一般来说，与之相配的还有大带、蔽膝及黑舄。鞠衣，在后妃贵妇中穿着十分普遍。每年三月，王后要亲自出面主持祭先蚕的仪式，届时即穿鞠衣。各地的命妇出来祭祀先蚕时，也穿鞠衣。九嫔、卿妻还可穿着它用于朝会。鞠衣为黄绿色，其色如初生的桑叶。穿着时，配套的蔽膝、大带、袜、舄等均随衣色。

周代礼服名目繁多，除衮冕之外，还有几种冕服各有特定场合，并有弁服、深衣、袍、裘及副笄六珈等。冕服制度经西周大备以来，历代帝王有增有减，直至与封建王朝一起消亡。

第二节　春秋战国的深衣与胡服

春秋战国时期，中原一带较发达地区涌现出一大批有才之士，在思想、政治、军事、科学技术和文学上造诣极深。各学派坚持自家理论，竞相争鸣，产生了以孔孟为代表的儒家、以老庄为代表的道家、以墨翟为代表的墨家以及法家、阴阳家、名家、农家、纵横家、兵家、杂家等诸学派，其论著中有大量篇幅涉及服装美学思想。儒家提倡"文质彬彬"。道家提出"被褐怀玉"。墨家提倡"节用""尚用"。属于儒家学派，但已兼受道家、法家影响的荀子强调："冠弁衣裳，黼黻文章，雕琢刻镂皆有等差。"法家韩非子则在否定天命鬼神的同时，提倡服装要"崇尚自然，反对修饰"。《淮南子·览冥训》载"晚世之时，七国异族，诸侯制法，各殊习俗"，比较客观地记录了当时论争纷纭、各国自治的特殊时期的真实情况。

一、深衣

深衣是春秋战国时中原地区盛行的一种特色服式。《五经正义》中记："此深衣衣裳相连，被体深邃。"具体形制，其说不一，但可归纳为几点，如"续衽钩边"，不开衩，衣襟加长，使其形成三角绕至背后，以丝带系扎。上下分裁，然后在腰间缝为一体。因而上身合体，下裳宽广，长至足踝或长曳及地，一时男女、文武、贵贱皆穿（图3-3、图3-4）。《礼记》中专有《深衣》一篇，详细记述了深衣所代表的儒家思想。深衣多以麻布裁制，腰束丝带，称大带或绅带。后受游牧民族影响才以革带配带钩。带钩长者盈尺，短者寸许，有石、骨、木、金、玉、铜、铁等质，贵者雕镂镶嵌花纹，是当时颇具特色的重要工艺品。《史记》载："满堂之坐，视钩各异。"已显示出这种佩饰的普遍性和工艺装饰的独具匠心（图3-5~图3-7）。

图3-3　穿曲裾深衣的男子
（湖南长沙子弹库楚墓出土帛画局部）

图3-4　穿曲裾深衣的妇女
（湖南长沙陈家大山楚墓出土帛画局部）

图3-5　玉带钩
（河北平山中山王墓出土）

图3-6　包金嵌玉银带钩、嵌
玉螭龙纹带钩
（河南辉县出土）

图3-7　猿形银带钩
（山东曲阜鲁国东周墓出土）

二、胡服

胡服是与中原人宽衣大带相异的北方少数民族服装。胡人，是当时中原人对西北少数民族的贬称，但在讲史时，必须尊重历史。所谓胡服，主要特征是短衣、长裤、革靴或裹腿，衣袖偏窄，便于活动。赵国第六任国君赵武灵王是一个军事家，同时又是一个社会改革家。他看到赵国军队的武器虽然比胡人优良，但大多数是步兵与兵车混合编制的队伍，加以官兵都是身穿长袍，铠甲笨重，结扎烦琐，而灵活迅速的骑兵却很少，于是想穿胡服，学骑射。《史记·赵世家》记，赵武灵王与臣商议："今吾将胡服骑射以教百姓，而世必议寡人，奈何？"肥义曰："王既定负遗俗之虑，殆无顾天下之议矣。"于是下令："世有顺我者，胡服之功未可知也，虽驱世以笑我，胡地中山吾必有之。"后仍有反对者，王斥之："先王不同俗，何古之法？帝王不相袭，何礼之循？"于是坚持"法度制令各顺其宜，衣服器械各便其用"。果然使赵国很快强大起来，随之，胡服的款式及穿着方式对汉族兵服产生了巨大的影响。成都出土的采桑宴乐水陆攻战纹壶上，即以简约的形式，勾画出中原武士短衣紧裤、披挂利落的具体形象。胡服从军服影响到民服，后逐渐成为战国时期的典型服式（图3-8、图3-9）。

图3-8　穿胡服的男子
（山西侯马东周墓出土陶范局部）

图3-9　穿短袍的武士
（四川成都出土宴乐水陆功战纹铜壶纹饰局部）

第三节　地中海一带的等级服装

环绕在地中海的国家曾在人类文明史上占据领先地位，其中以古埃及的帝制成熟最早。因此，首先将服装作为等级区分的标志来体现的国家仍是埃及。远在服装定制时代前约两千年的时候，埃及就有了象征权力的高冠。自此以后，古波斯的王冠和诸王后的饰件等，都体现了这种服装等级制度在各个国家政治生活中的重要性。它特别集中在这一历史时期中大量出现，证明了服装定制是人类社会发展的必然结果，带有一定的客观印迹。

一、国王及重臣服装

据传，第一个统一上下埃及的人叫纳尔莫，他有权享用两顶王冠，那就是上埃及的白色高大的王冠，外形很像一个立柱；下埃及的红色平顶柳条编织的王冠，冠顶后侧向上突起，也呈细高的立柱形（图3-10）。

从被认定为纳尔莫的画面中观察其服装形象，这个身居国王地位的人的服装与百姓相差无几，也是以布料缠身，腰下部着装类似胯裙形式，但是他身上系扎的腰带却带有明显的王服特征。腰带有四条念珠连缀的下垂装饰，每条垂饰上端有一个带角的人头，这是埃及女神海瑟的象征。纳尔莫腰后侧方还垂吊着一条雄狮的尾巴，

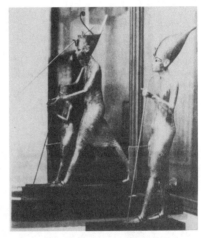

图3-10　右为上埃及白冠，左为
下埃及红冠

一直拖到足踝部。最初它显示着王者的杰出才能和本领，自纳尔莫以后历代王朝的君王，无不佩戴这种雄狮长尾，以作为最高级权力的特有标志。

纳尔莫由于佩戴两种王冠并呈现出完美的结合形式，被称为"神灵的化身"。神圣的伏拉斯神安详地立在国王王冠的正前方，成为国王掌握生杀大权的象征，也是为国王自身驱邪除恶的守护神。当时的国王被看做是埃及霍鲁斯神的儿子，后来又被当作埃及太阳神大拉的儿子。因此，历代国王都被认为是诸神中的一位。只有国王才有特权佩戴诸神形象的装饰。在这些装饰中，有代表埃及神阿门的两根直竖的羽毛；有代表埃及主神奥希雷斯的卷曲的鸵鸟羽毛；有代表科纳姆神的公羊角；有代表太阳神大拉的红色圆球。所有装饰这些诸神形象的王冠，后来都被人们称为"诸神的桂冠"。

帝国时期的国王，有时穿着专门的蓝色铠甲临朝登殿，以向众人显示国王的威严和权势。蓝色的铠甲里面，穿着羽毛式胯裙或较长裙衣。几条索带由前身衣襟中伸出来，在腰间缠上几周，最后牢牢地系在身前。这些索带光泽耀眼，装饰华丽，上面有打褶的皱纹，好像神圣的雄鹰极力张开双翼，在保佑国王天下无敌。不仅这样，国王整体着装形象中还有其他代表权力的随件，如曲柄手杖和连枷等象征着他对耕田者的统辖。

在人们发现的克里特岛的壁画中，有一个着装形象被认定是国王，格外引人注意。国王的彩虹色石英王冠上，插着三片羽毛，分别为红玫瑰色、紫色和蓝色。较大的一串项链上镶有百合花式的花纹。红、白两色的腰带上方有一个很粗的蓝色卷

图3-11 克里特岛壁画中的埃及国王形象

套。他的胯裙很小，一部分呈切开状态，后侧则露出一条长长的饰带（图3-11）。

著名的历史人物——罗马恺撒大帝，从称帝为王开始，一直穿着同一种款式的长袍，以致这种虽属人民大众普遍穿用的基本服式，却一度成为名副其实的帝王服装了。它满身都是宽褶，自然地产生出一行行很深的凹沟，腰间饰有一个被称为"安博"的荷包袋，双肩饰有层层叠起的凸露皱褶。只有帝王才有权穿用紫色的宽松长袍。这种泰雅紫，不仅是最奢华的颜色，同时也是各种艳丽色彩之首，因而无疑成为帝王服装的主要色调。

帝王穿用的紫色宽松长袍，到底是采用什么纤维织成的呢？经欧洲服装史论家推断，可能是用最细腻、最轻软的羊毛制成的，或是用羊毛和丝混纺的面料做成的。人们认为后者的可能性较小。羊毛和丝在当时是很少在一起混合纺纱或混织的，因为这两种动物纤维的性质（长度、弹性、缩水率）并不容易一致。可信的是外袍表面布满了金丝刺绣，这在刺绣服装已经出现的当时当地，作为至尊至贵者外衣还是很自然的。

国王之外的王室或贵族的其他成员，可以穿用紫色镶边的白色外袍。如果普通人想穿着这种标志特殊身份等级的紫边白袍，那除非要争做元老院的议员或其他高级官员，否则根本不能获得穿用的权力。罗马的平民百姓只能穿白色外袍，后来白袍就成了罗马普通百姓的标志了。

罗马帝国的皇帝，大都有华丽的王冠，而且王冠上大都饰有金质的月桂树叶拼制的花环。尼禄大帝的王冠，是一顶金光闪闪的珠宝桂冠，庄重豪华。他认为只有这样，他的王冠才可以和太阳同放光芒，共发异彩，以此达到他和日月争辉的理想。海利欧格巴拉斯大帝是第一个佩戴珍珠王冠的人。他戴着一顶镶有三串珍珠的环形桂冠，每一串珍珠都由一块宝石连接，固定于正前方。蒂欧克莱娄大帝的王冠，镶有一个宽宽的金箍，金箍上再镶上无数的珍珠宝石。这个王冠成为后来很多王冠的参照模式。

二、王后及贵妇服装

在埃及中期王国时，标志王后权威的头饰是一只兀鹫的形象。兀鹫被塑造得安详端庄，双翼展开垂下，紧紧地护卫着王后的头部，并一直贴到前胸。尾羽略短，平行并向上翘。相传，王后的兀鹫头饰是国王外出时对王后的神灵保佑，也是远离家门的丈夫赐给妻子的护身符（图3-12~图3-14）。

芝加哥大学东方学院收藏的阿莫斯·诺佛雷特利王后的雕像，为我们研究西方服装提供了资料。阿莫斯·诺佛雷特利是埃及第十八王朝的第一位王后。她的服装表面有鳞状图案，看上去很像是层层叠叠的羽毛布料。是将羽毛贴附在布料之外呢？还是用布料做成的羽毛流苏效果？目前还难以做出准确的推断。尽管这样，王后着装形象还是极其震撼后人的，那居于王后衣装腹部中央的母狮头像，圆圆的护肩和宽松的臂饰使得她异常绚丽多彩而又威武不凡。

图3-12　戴兀鹫头饰的古埃及王后

图3-13　画像上的古埃及诺佛雷特利王后冠饰与衣装

图3-14　古埃及雕像上留存的头顶香膏的女子像

罗马帝国时期的王后和贵妇的等级服装，主要不在衣服，而在饰件。罗马贵族妇女的饰品极尽奢华（图3-15~图3-17）。罗马人在征服了许多地区和民族以后，将掠夺来的财富大量投入到制作佩饰品上，特别是其中的一些珍贵金属和珠宝。这样一来，贵重首饰成了上层妇女的典型等级服饰品，无形中推动了珠宝饰品制作工艺和技巧的蓬勃发展。这时，孟加拉的宝石、近东（以欧洲为中心形成的说法，在世界上沿用至今）的珍珠成了人们爱不释手的饰品，其中尤以琥珀最为昂贵。贵族

图3-15　公元前2600~前2000年美索不达米亚金叶项饰

图3-16　公元前1460~前1250年的苏塞克斯环手镯

图3-17　约公元前1000年的苏塞克斯环手镯

妇女常常佩戴琥珀饰品，用以显示自己的高贵身份。

罗马帝国时期的佩饰工艺，至今看来还是高级而精湛的，那些杰出的佩饰艺术品，因标志贵族身份而做得精益求精，从而在服装史上熠熠生辉。

延展阅读：服装文化故事

1. 孔子去见子桑伯子

《论语·雍也》中记载，孔子去见不讲究穿着的子桑伯子。弟子问为什么？孔子说其本质美，却不懂服饰礼仪，要教他免去粗野。子桑伯子的门人也问为什么答应见孔子？子桑伯子说，孔子本质美却文饰过繁，我要让他去掉文饰。这里体现的是儒家的美学思想，即中庸。

2. 穿狐白裘的齐景公

《晏子春秋·内篇谏上》记：齐景公披着狐白大裘在观雪，雪下三天而不觉冷。大臣晏子说，贤德君王，吃饱要知有人在辛苦。结果，齐景公令人拿出衣物和粮食，发放给穷苦人。

3. 华丽服饰不分等级

兴起于公元前7世纪的伊特鲁里亚文化曾受到希腊影响，而又影响到罗马。但他们的衣服不像希腊罗马那样简朴，而是特别华丽。最与众不同的是，他们的衣服不分着装人的身份地位。就因为这样一个缘故，致使公元前6世纪，国王拉兹·波希纳率军包围罗马，罗马刺客却错刺了一位一起聊天的大臣，刺客从服装上怎么也分不出哪个是王、哪个是臣。

4. 曾经的皮肤上涂油

古罗马人讲究用橄榄油脂混着浮石抹在身上，然后再用一种刮板刮掉。这样，油脂浸在皮肤里，表面上又清洁、防晒了。在西方人信奉基督教后，涂油礼就成为宗教仪式的一种，甚至与加冕礼同等重要。

课后练习题

1. 深衣主要应用于中国哪一时期？
2. 简述周代帝王冕服的构成。
3. 简述服装定制时代，埃及国王及王后的着装特点。

第四讲　服装交会时代

　　人类早期文化滋生在各个不同的区域，并以独立的态势生存与发展着。在服装定制时代以前，人类未发生大规模、长距离的文化交流，各区域之间也谈不上服装文化的引进与吸收。自从历史上发生了部族兼并、民族迁徙、霸权战争后，便产生了文化交流与文化融合现象。这必然使人的服装穿着受到影响。外来民族与原住民族对于彼此的优秀服装风格与风俗，都感到一种无法抗拒的诱惑，因此便不自觉地加以吸收。相邻民族之间也互相吸收，再发展为适合本民族文化心理的服装。有一些民族是以征服者的姿态进入到某一民族地区的，因而他们往往以"易服色"作为控制手段。但文化的选择依托于文化的生命力，并不以人的意志为转移，而且征服民族与被征服民族共处于同一居住环境中，他们必然会产生共同的选取最佳（美观便利）服装的心理趋向。这促进了服装文化的发展。

　　但是，这还不是世界性的积极的服装文化交流，主要因为当时交通条件尚不方便，生产水平较低，服装整体形象还不够鲜明，又仅仅是接触的开始，所以我们在论述服装成形、定制时代之后，将这一个阶段称为服装交会时代。这里交会只意味着初步的接触、碰撞，意指"触而不合"。

　　中西服装的交会时代，标志着人类服装繁荣的前奏与黎明。在服装交会时代，各民族服装互为影响，影响有深有浅，有大有小，大者形成互进，小者部分吸收。这一时代不同于在此后发生的中国辽对宋的侵犯掠夺与欧洲宗教战争。虽然部分包括服装在内的民间贸易往来与文化交流源于战争、领地争夺，但它终究未构成基本的主流。

　　服装交会时代的互为影响，主要发生在欧亚大陆。其中首先是罗马帝国东迁，拜占庭帝国在土耳其古城伊斯坦布尔的定都，直接促成了欧洲和西亚服装的互为影响；而中国汉初摸索打开的丝绸之路，横贯欧亚，更使东亚和西亚乃至欧洲的服装交会达到高潮。

　　服装交会时代，按历史年代划分，可包括中国西汉至初唐、罗马帝王君士坦丁将首都东迁拜占庭至欧洲中世纪前期，纪年约为公元前3世纪～公元7世纪。

第一节　中国秦汉服装

中国的中原一带是世界最早的文明发达区域之一。在尼罗河、幼发拉底河和底格里斯河以及恒河流域的文明全盛时期，中原一带以黄河、长江特有的气势与风姿，以高度发达的封建文明著称于世，形成了有鲜明特色的文化繁荣区域。这时候，中原乃至江南的诸民族，已经在以儒学为主、以道家思想和佛家思想为辅的强令与熏陶之下，逐步形成了自己的服装文化。应该承认，这种文化之中，主要是中原一带的汉民族意识。

公元前221年，秦灭六国，建立起中国历史上第一个统一的多民族封建国家，顺应了"四海之内若一家"要求稳定的政治趋势。统一，有利于社会安定和经济文化的发展。自秦统一后经西汉、东汉，共有四百余年。

这期间，秦始皇凭借"六王毕，四海一"的宏大气势，推行"书同文，车同轨""兼收六国车旗服御"等一系列积极措施，在周代礼制基础上，进一步健全了包括衣冠服制在内的严格的制度。实际上这是服装定制后的稳定与完善。汉代"承秦后，多因其旧"，继而将服装制度发扬光大，因而秦、汉服饰有许多相同之处。汉武帝时，张骞被派通使西域，开辟了一条中原与中亚、西亚文化经济沟通的大道，因往返商队主要经营丝绸，故得名"丝绸之路"。这一时期，由于各民族各国之间交流活跃，导致社会风尚有所改观，人们对服饰的要求越来越高，穿着打扮日趋规整。尤其是贵族阶层中厚葬成风，这些都为后代服装研究工作留下了珍贵的文化遗产。

一、男子袍服与冠履

秦汉时期，男服以袍为主。袍服属汉族服装古制，《中华古今注》称："袍者，自有虞氏即有之。"秦始皇在位时，规定官至三品以上者，绿袍、深衣。庶人白袍，皆以绢为之。秦汉四百年中，一直以袍为礼服，样式以大袖为多，部分袖口收缩紧小，称为祛，全袖称为袂，因而宽大衣袖常夸张为"张袂成荫"。领口、袖口处绣夔纹或方格纹等，大襟斜领，衣襟开得很低，领口露出里面的衣领，袍服下摆花饰边缘，或打一排密裥或剪成月牙弯曲之状，并根据下摆形状分成曲裾与直裾（图4-1~图4-3）。

裤为袍服之内下身所服，早期无裆，类似今日套裤。《说文》曰："绔，胫衣也。"后来发展为有裆之裤，称裈。合裆短裤，又称犊鼻裈。内穿合裆裤之后，绕襟深衣已属多余，直裾袍服也就愈益普遍了（图4-4）。

禅衣为仕宦平日燕居之服，与袍式略同，禅为上下连属，但无衬里，可理解为

图4-1 穿袍、戴帻的男子
（四川成都天回镇出土陶俑）

图4-2 穿曲裾袍的男子
（陕西咸阳出土陶俑）

图4-3 穿直裾袍服的男子
（河北营城子汉墓壁画）

图4-4 穿短裈的杂技艺人
（山东沂南汉墓出土画像石局部）

图4-5 素纱禅衣
（湖南长沙马王堆一号汉墓
出土实物）

图4-6 穿短衣、扎裹腿、
戴帻的男子
（四川鼓山崖墓出土陶俑）

穿在袍服里面或夏日居家时穿的衬衣。《礼记·玉藻》记"禅为绚"，又解释为罩在外面的单衣。郑玄注："有衣裳而无里"，此说可作为参考（图4-5）。

普通男子则穿大襟短衣、长裤，其形制多衣长略短、袖子略窄，裤脚卷起或扎裹腿带，以便劳作，总体仍较宽松。夏日也可裸上身，而下着犊鼻裈，汉墓壁画与画像砖中常见这类服式，一般是体力劳动者或乐舞百戏之人。也可以外罩短袍，这些都可推断为劳动人民服式（图4-6）。

冠是朝服的首服，其制式有严格规定。东汉永平二年，孝明皇帝诏有司博采《周官》《礼记》《尚书》等史籍，重新制定了祭祀服饰和朝服制度。其中关于冠，有诸多式样，如冕冠、长冠、武冠、法冠、梁冠等（图4-7～图4-9）。

图4-7　戴冕冠的皇帝
（选自《三才图会》）

图4-8　与文字记载法冠
（獬豸冠）接近的冠式
（河南洛阳汉墓出土画像
砖局部）

图4-9　戴梁冠（进贤冠）的男子
（山东沂南汉墓画像砖局部）

图4-10　戴类似幅巾的男子
（成都附近出土汉画像砖局部）

图4-11　丝履
（湖南长沙马王堆汉墓出土实物）

汉代官员戴冠，冠下必衬帻，并根据品级或职务不同有所区别。东汉画像石上屡见此类戴冠方式，可见帻盛行于东汉。帻是包发巾的一种，秦汉时不分贵贱均可戴用，戴冠者衬冠下，庶民则可单裹。其形好似便帽，有平顶的，称"平巾帻"，有屋顶状的，叫"介帻"。

秦汉时，男子用巾，主要有两种，即葛巾与缣巾。东汉"黄巾起义"即指起义军士都戴着黄色头巾（图4-10）。

汉时履主要为高头或歧头丝制，上绣各种花纹，或是葛麻制成的方口方头单底布履，另外还有诸多式样和详细规定（图4-11）。

二、女子深衣与襦裙

秦汉妇女礼服，仍然秉承古仪，以深衣为尚。《后汉书》记载贵妇入庙助蚕之服"皆深衣制"，但绕襟层数在原有基础上有所增加，下摆部分肥大，腰身裹得很紧，衣襟角处缝一根绸带系在腰或臀部（图4-12、图4-13）。长沙马王堆汉墓女

图4-12　穿三重领深衣的女子
（陕西西安红庆村出土加彩陶俑）

图4-13　穿深衣的女子
（河北满城一号汉墓
出土长信宫灯）

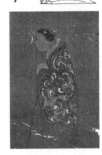

图4-14　穿绕襟深衣的妇女
（湖南长沙马王堆一号汉墓
出土帛画局部）

主人在帛画中的着装形象便是极为可靠的形象资料（图4-14）。

　　襦裙即上襦下裙装。襦是一种短衣，长至腰间，穿时下身配裙，这是与深衣上下连属所不同的另一种形制，即上衣下裳。这种穿着方式在战国时期中山王墓出土文物中已经见到，几个小玉人穿的即是上短襦下方格裙的服式。汉裙多以素绢四幅，连接拼合，上窄下宽，一般不施边缘，裙腰用绢条，两端缝有系带。

　　妇女履式与男子大同小异，一般多施纹绣，木屐上也绘彩画，再以五彩丝带系结。

三、军戎服装

　　秦始皇陵兵马俑坑的发掘，对于研究秦汉军戎服装，有着异乎寻常的学术价值（图4-15）。数千兵马战车俑人，形体等同于现实，服装细部一丝不苟，可供今人仔细观察。据初步统计，秦汉戎装可归纳为七种形制，两种基本类型如下：

　　（1）护甲由整体皮革等制成，上嵌金属片或犀皮，四周留阔边，为官员所服。在《楚辞》《九歌·国殇》中，即有"操吴戈兮被犀甲"句，说明皮革制甲形式由来已久（图4-16）。

图4-15　秦始皇陵1号兵马俑坑局部

图4-16　穿铠甲的将官
（陕西临潼出土秦兵俑）

图4-17　穿铠甲的兵士
（陕西临潼出土秦兵俑）

图4-18　出征的武士
（陕西咸阳杨家湾汉墓出土）

（2）护甲由甲片编缀而成，从上套下，再用带或钩扣住，里面衬战袍，为低级将领和普通士兵服（图4-17）。

匈奴善于骑马射箭，是汉王朝的主要战敌。正如与赵武灵王相抗争的北胡一样，他们皆以游牧经济为主，这两个民族在历史上有着密切的渊源关系。汉军为适应这种战场的需要，也要弃战车，习骑射。为避免短兵相接的过大伤亡，必须改革战甲，故而出现铁制铠甲，其时间最迟当在东汉。东汉末年，孔融《肉刑论》云："古圣作犀兕铠，今有盆领铁铠，绝圣人其远矣。"当可引以为据。

汉墓中出土大量骑马兵俑，虽形体不大，细部也不太具体，其研究价值难以与秦始皇陵兵马俑相比，但数量颇多，也可以用来参考（图4-18）。汉画像石、画像以及墓葬壁画上有各种姿势的武士俑，能够看到武将服饰形象的概貌。

四、服装色彩与质料特色

在中原汉民族的着装意识中，服装色彩也是一个重要的表现形式。战国末期哲学家、阴阳家的代表人物驺衍，也叫邹衍，运用五行相生相克的说法，建立了五德终始说，并将其附会到社会历史变动和王朝兴替上。如列黄帝为土德，禹是木德，汤是金德，周文王是火德。因此，后代沿用这种说法，总结为"秦得水德而尚黑"。而汉灭秦，也就以土德胜水德，于是黄色成为高级服色。另根据金、木、水、火、土五行，立四方位为东青、西白、南朱、北玄而中央为土，即黄色，从而更确定了以黄色为中心的主旨，因此最高统治者所服之色便以黄色为主了。

这一阶段服装以及丝织品的色彩审美趋向很是丰富。从长沙马王堆汉墓出土的织绣工艺实物来看，在百余件丝织品中，仅凭视觉能够识别的颜色，即有一二十种之多，如朱红、深红、绛紫、墨绿、棕、黄、青、褐、灰、白、黑等。在新疆民丰东汉墓中，还发掘出迄今发现最早的蓝印花布，这些都充分说明了中国织绣印染技术至此时已达到比较成熟的程度，因此为秦汉讲究服装色彩提供了一定的物质基础。

丝绸之路影响深远，作为服装面料的丝绸产量已大幅度提高。贾谊曾在作品中写到奴婢着绣衣丝履在市贾上待富人买去，甚至于富人家中的墙壁也以绣花白縠为之。当时丝绸图案中有龙虎纹、对鸟纹、茱萸纹等，说明动物、植物以及吉祥文字被广泛应用（图4-19、图4-20）。1995年，新疆民丰尼雅遗址出土一件汉晋期间的锦质护膊，上有孔雀、仙鹤、辟邪、虎、龙等形象，并织出"五星出东方利中国"文字，显然带有汉代谶纬学说的印痕（图4-21）。另外，源于古波斯的珠圈怪兽纹、西域常用的葡萄纹和鬈发高鼻的少数民族人物形象被大量应用于服装面料上，这些图案均记录下了当时民族交往的硕果。

图4-19　汉万事如意纹锦

汉代用于丧葬的玉覆面和金缕玉衣、银缕玉衣、铜缕玉衣以及丝缕玉衣等也是服装的组成部分之一（图4-22）。

图4-20　汉"乘云绣"黄绮

图4-21　"五星出东方利中国"锦质护膊
（1995年新疆民丰尼雅遗址一号墓出土）

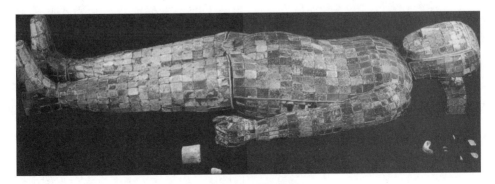

图4-22　金缕玉衣
（河北满城汉墓出土）

第二节　中国魏晋南北朝服装

从公元220年曹丕代汉，到公元589年隋灭陈统一全国，共369年。这一时期中国基本上是处于动乱分裂状态的。一方面因为战乱频仍，社会经济遭到相当程度的破坏。另一方面，由于南北迁徙，民族错居，也加强了各民族之间的交流与融合。所以在这一过程当中，服装是最易引起异族人关注同时又最易对异族人产生影响的。魏晋南北朝初期各族服饰自承旧制，后期因相互接触而渐趋融合。中国中原与中亚西亚的诸民族服饰，在服装交会时代中，显示出一种趋新与趋异的势头，给宁静的大陆带来了灵动的生机。

一、汉族男子的衫、巾与漆纱笼冠

魏晋男子服装以长衫为尚。衫与袍的区别在于袍有祛、有里，而衫为宽大敞袖。分单、夹二式，质料有纱、绢、布等（图4-23）。

由于不受衣祛限制，魏晋服装日趋宽博。《晋书·五行志》云："晋末皆冠小而衣裳博大，风流相仿，舆台成俗。"《宋书·周郎传》记："凡一袖之大，足断为两，一裾之长，可分为二。"一时，上至王公名士，下及黎民百姓，均以宽衣大袖为尚，只是耕于田间或从事重体力劳动者仍为短衣长裤，下缠裹腿。

褒衣博带成为这一时期的主要服饰风格，其中尤以文人雅士最为喜好。当时的文人不仅喜着此装，还以蔑视朝廷、不入仕途为潇洒超脱之举。表现在装束上，则是袒胸露臂，披发跣足，以示不拘礼法。《抱朴子·刺骄篇》称："世人闻戴叔鸾、阮嗣宗傲俗自放……或乱项科头，或裸袒蹲夷，或濯脚于稠众。"《搜神记》写："晋元康中，贵游子弟，相与为散发裸身之饮。"《世说新语·任诞》载："刘伶尝着袒服而乘鹿车，纵酒放荡。"褒衣博带之势，飘忽欲仙之感，出自于政治混乱之时。文人意欲进贤，又怯于宦海沉浮，只得自我超脱，除沉迷于饮酒、奏乐、吞丹、谈玄之外，便在服式上寻求宣泄，以傲世为荣，故而宽衣大袖，袒胸露臂。中国正统的儒家传统，在这一波狂潮中不得不退避三舍。老庄的清静无为、玄远妙绝，成了文人士大夫人生观的主导。

图4-23 戴梁冠和漆纱笼冠、穿大袖衫的男子
（顾恺之《洛神赋图》局部）

在南京西善桥出土的砖印壁画《竹林

图4-24 穿大袖宽衫、裹　　　图4-25 穿大袖宽衫、垂长带、　　图4-26 穿大袖宽衫、裹巾、
　　巾、跣足的士人　　　　　梳丫髻、袒胸露臂的士人　　　　袒胸露臂的士人
（南京西善桥出土《竹林七贤　　（南京西善桥出土《竹林七贤与　　（南京西善桥出土《竹林七贤与
　与荣启期》砖印壁画局部）　　　荣启期》砖印壁画局部）　　　荣启期》砖印壁画局部）

七贤与荣启期》中，可看到几位文人桀骜不驯、蔑视世俗的神情与装束（图4-24~
图4-26）。唐末画家孙位《高士图》中，也描绘出魏晋文人清静高雅、超凡脱俗的
气概。从古籍记载中不难看出，当年除以"飘如游云，矫若惊龙""濯濯如春月柳"
等具体形象作比喻外，还出现许多道德、审美概念等方面的形容词，如生气、骨
气、风骨、风韵、韵、秀、高等，这些属于文化范畴的理论无疑对服饰风格产生了
重大影响。

　　除大袖衫以外，男子也着袍、襦、裤、裙等。《周书·长孙俭传》记："日晚，
俭乃著裙襦纱帽，引客宴于别斋。"当时的裙子较为宽广，下长曳地，可穿内，也
可穿于衫襦之外，腰以丝绸宽带系扎。男子首服有各种巾、冠、帽等，如幅巾、纶
巾、小冠、高冠，其中漆纱笼冠是集巾、冠之长而形成的一种首服，在魏晋时期最
为流行。它的制作方法是在冠上用经纬稀疏而轻薄的黑色丝纱，上面涂漆水，使之
高高立起，里面的冠顶隐约可见。东晋画家顾恺之《洛神赋图》中便有戴漆纱笼冠
的人物形象（图4-23）。

　　帽子在南朝以后大为兴起，主要有白纱高屋帽、黑帽、大帽等样式（图4-27、
图4-28）。

图4-27 戴小冠的乐人　　　　图4-28 戴白纱高屋帽（一说菱角巾）的皇帝
（北朝陶俑，传世实物）　　　　　（唐《历代帝王图》中陈文帝形象）

图4-29　穿杂裾垂髾服的妇女
（顾恺之《列女仁智图》局部）

图4-30　宽袖对襟衫、长裙示意图

图4-31　织出汉字铭文"富且昌宜
侯王天命延长"的五彩锦履
（新疆民丰出土实物）

南北朝履式，除采用前代丝履之外，盛行木屐。《宋书·武帝纪》写其性尤简易，常着连齿木屐，好出神武门。《宋书·谢灵运传》记："登蹑常着木屐，上山则去前齿，下山去其后齿。"唐代诗人李白《梦游天姥吟留别》中有"脚着谢公屐"句，即源于此意。在服饰习俗中，访友赴宴只能穿履，不得穿屐，否则会被认为仪容轻慢，没有教养。但在江南一些地区，由于多雨，木屐穿用范围可相应广泛。

二、汉族女子的衫、襦与华饰

魏晋妇女服饰多承汉制。一般妇女日常所服，主要为衫、袄、襦、裙、深衣等。除大襟外还有对襟，领与袖施彩绣，腰间系一围裳或抱腰，亦称腰采，外束丝带。

这时，男子已不穿的深衣仍在妇女间流行，并有所发展，主要变化在下摆。通常将下摆裁制成数个三角形，上宽下尖，层层相叠，因形似旌旗而名之曰"髾"。围裳之中伸出两条或数条飘带，名为"襳"，走起路来，随风飘起，如燕子轻舞，故有"华带飞髾"的美妙形容（图4-29、图4-30）。

履分丝、锦、皮、麻等质料，面上绣花、嵌珠、描色。如南朝梁沈约有"锦履并花纹"等诗句。新疆阿斯塔那墓中曾出土一双方头丝履，足以见其履式与精工（图4-31）。

首饰发展到此时，突出表现为竞尚富丽。其质料之华贵，名目之繁多，是前所未有的，这显然与宫中姬妾成群、汉末出现的妓女这时以"营妓"形式出现等奢侈风气有关。曹植《洛神赋》中写："奇服旷世，骨像应图，披罗衣之璀粲兮，珥瑶碧之华琚，戴金翠之首饰，缀明珠以耀躯，践远游之文履，曳雾绡之轻裾。"传为萧衍所作的《河中之水歌》中还有"头上金钗十二行，足下丝履五文章"等诗句。此间诗歌中不乏描绘女子饰品之言。由于首饰讲究，导致发型日趋高大，以致设假发而成为名叫"蔽髻"的大发式。再或挽成单环、双环和丫髻、螺髻等（图4-32）。头上除首饰之外，还喜欢插鲜花，以图其香气袭人。

图4-32 梳环髻和丫髻的女子
（河南邓县学庄墓出土画像砖局部）

三、北方民族的裤褶与裲裆

中国中原人所言的北方少数民族，素以游牧、狩猎为生，因此其服式要便于骑马奔跑并利于弯弓搭箭。在中国魏晋南北朝时期，北方民族异常活跃，加之中原一带也出现诸王混战的局面，正好与北方民族分裂割据的局面出现在同一时期，因而出现了在中国国土之内的民族大迁徙和大融合。

裤褶是一种上衣下裤的服式，谓之裤褶服。褶，观其服式，犹如汉族长袄，对襟或左衽，不同于汉族习惯的右衽，腰间束革带，方便利落。随着南北方民族的深入接触，这种服式很快被汉族军队所采用。

当年，凡穿裤褶者，多以锦缎丝带裁为三尺一段，在裤管膝盖部位下紧紧系扎，以便行动，成为既符合汉族"广袖朱衣大口裤"特点，同时又便于行动的一种急装形式，谓之缚裤（图4-33、图4-34）。

另有裲裆，《释名·释衣服》称："裲裆，其一当胸，其一当背也。"清王先谦《释名疏证补》曰："今俗谓之背心，当背当心，亦两当之义也。"观其古代遗物中裲裆穿在俑身上的形象，其形式

图4-33 穿裤褶、缚裤的男子
（北朝陶俑传世实物）

图4-34 魏晋南北朝武士俑
（陕西省博物馆）

图4-35 穿裲裆铠、缚裤、戴兜
鍪的武士
（北魏加彩陶俑传世实物）

图4-36 北魏菩萨像
（麦积山石窟127窟）

当为无领无袖，初似为前后两片，腋下与肩上以襻扣联结，男女均可穿着。这种服式一直沿用至今，南方称马甲，北方称背心或坎肩。也有单、夹、皮、棉等区别，并可着于衣内或衣外。衣外者略长，衣内者略短（图4-35）。

魏晋南北朝时期，战争相对偏多，朝代更替频繁，各小国领土你进我退，你攻我守。国换其君，城易其主，是为常事，使得错杂迁居之中，各民族服饰风格屡屡发生变化。

四、服装质料、纹样及色彩

魏晋南北朝时期，虽然连年战乱，人民背井离乡，但统治者的奢侈生活依然，体现在服装上，尤以质料为盛。如《邺中记》载：石虎冬季所用流苏帐子，悬挂金薄织成囊；出猎时着金缕织成裤。皇后出行，用使女二千人为卤簿，都着紫编巾、蜀锦裤，脚穿五文织成靴。

当年，不仅丝织物数量惊人，品种花色也异常丰富。《邺中记》载邺城设有织锦署，并称"锦有大登高、小登高、大明光、小明光、大博山、小博山、大茱萸、小茱萸、大交龙、小交龙、蒲桃文锦、斑文锦、凤凰朱雀锦、韬文锦、核桃文锦，或青绨、或白绨、或黄绨、或紫绨、或蜀锦，工巧百数，不可尽名。"

这一时期服装发展亦与佛教盛行有密切关系，一方面国人将当时服饰风尚加于佛像身上，这从敦煌壁画和云冈石窟、龙门石窟雕像中即可看出（图4-36），另一方面随佛教而兴起的莲花、忍冬等纹饰大量出现在世人服装面料或边缘装饰上，给服饰赋予了一定的时代气息。再加上丝绸之路上与其他国家的活跃往来，也使中国的服装获得一些异族风采。如"兽王锦""串花纹毛织物""对鸟对兽纹绮""忍冬纹毛织物"等织绣图案，都是直接吸取了波斯萨桑朝及其他国家与民族的装饰风格（图4-37、图4-38）。

图4-37 魏晋时期忍冬纹毛织物

图4-38 魏晋时期串花纹毛织物

第三节　拜占庭与丝绸衣料

在希腊巴特农神庙中的女像柱，时间当为公元前438~前431年（图4-39）。她身穿透明的长衣，衣裙雅丽，质料柔软，曾经被考古学家认定所服为丝绸衣料（当然不排除是极细亚麻）。另外，表现衣料非常细薄、透明的服装形象还有很多。

罗马帝国的君士坦丁大帝将首都向东迁到拜占庭，这是世界历史上一个重

图4-39 希腊巴特农神庙中的女像柱

要的事件，因为从此罗马帝国的命运出现了巨大的变化。具体到服装史上，它与丝绸之路一样，带有典型的服装交会时代的特点。

可以这样说，中国丝织品的源源西运，不但使丝绸成为亚洲和欧洲各国向往羡慕的衣料，而且随着人们对服装需求的不断增长，也引发了亚洲西部富强大国，特别是拜占庭养蚕和丝织技术的发展。尤应重视的是，在服装交会时代中，中国的丝绸和养蚕缫丝纺织技术通过拜占庭，被广泛地传播到西方各国。

在这一历史时期内，进口中国丝绸最大的主顾是罗马。罗马贵族男女都以能穿上绸衣为荣耀。罗马将中国缣素运抵之后，再加以拆散，将粗丝线变成细丝线，经过加工织成极薄的衣料，使之更适应地中海区域的温和气候，同时又适合那里的流行服装式样。这些薄而轻盈的衣料，有些是用纯丝织成的，有的是同其他纤维混合纺织成的。混纺布料很多，质地也各不相同。人们普遍认为，并非所有的人都能穿得起纯丝织成的衣服，只有皇帝才有资格。由于当时的进口丝绸极为有限，价格也相当昂贵，只有黄金才能和它相提并论（图4-40、图4-41）。

在这种对丝绸衣服的狂热追求中，拜占庭起到了贯通中西的作用。先是波斯以中国丝绸业为楷模，率先发展起来丝织业，这对于一直需要进口大量丝绸的拜占庭产生了新的刺激，于是拜占庭也设法学会养蚕缫丝，以解决原料来源。

图4-40 欧洲版画上的
罗马皇帝服饰形象

图4-41 先为罗马元首后至
埃及的屋大维戎装像

图4-42 查理曼大帝

图4-43 达理曼蒂大法衣

图4-44 拜占庭帝国君王
服饰形象

图4-45 拜占庭时期彼得
大主教法衣

拜占庭皇室成员在亲自把持和垄断丝织产品以后，就不再将上等丝绸衣料仅仅作为自己的服装衣料，而是当做外交礼品，赠送给远近各国的王室，以达到睦邻友好、相互往来的目的，故而使各国上层人士长期以来对丝绸的奢望得到满足。

通过赠送礼品的形式，拜占庭将东方中国的丝绸传给了西方诸国，从此更加激发起各国人民对东方的向往以及对丝绸服装的兴趣与需要，以致丝绸需求的数量不断增加。同时，拜占庭帝国时期的服装款式、纹饰等也对西方各国产生了重要的影响。当然，所谓的拜占庭帝国的服装款式与纹饰，实际上已经是东西方服饰艺术结合的产物了（图4-42~图4-45）。

由此不难看出，拜占庭在东西方服装交会中是一个非常重要的角色。东方的丝绸通过拜占庭，为西方人所认识和采用；西方的一些图案又融汇在地中海一带服装图案中，而由于拜占庭的特殊位置使其大量地传到了东方，影响了东方服装风格的演变。丝织品在服装史中不是孤立存在的，它作为服装面料，成为服装交会时代不可或缺的元素。

第四节　波斯铠甲的东传

在服装交会时代，各国服装融会之前的交流阶段中，总有一方是较为主动的，其流向也是有一个主流的。如中国中原与中亚西亚服装的互为影响，主要是东服西渐，因为丝绸面料已经起到了一个决定性的作用，这种西传的趋势是不可阻挡的。而拜占庭在服装交会时代中充当的角色，是向东西方分别吐纳。由于它本属西欧，迁都到西亚，这就使得他占有一个重要的地理位置，使其在继承欧洲原有的服装传统时，有足够的能力和便利的渠道，广泛吸取东方的服装艺术精华。拜占庭人在消化之后，又自然而然地影响了西欧，同时影响东亚。相比之下，波斯军服铠甲的对外影响，明显地呈现出东传的趋势。

首先，波斯是很早使用铠甲的国家。公元前480年，波斯皇帝泽尔士的军队已装备了铁甲片编造的鱼鳞甲。在幼发拉底河畔杜拉·欧罗波发现的安息艺术中，已有头戴兜鍪身披铠甲的骑士，战马也披有鳞形马铠。这些马具装连同波斯特有的锁子甲和开胸铁甲，先后经过中亚东传到中国中原（图4-46、图4-47）。

波斯的锁子甲，或称环锁铠，公元3世纪时已传入中国。魏曹植在《先帝赐臣铠表》中提到过，这种环锁铠极为名贵。以后它逐步向中原传入，至唐时，中国人已掌握制造这种铠甲的技术，并在军队中普遍装备。《唐六典》甲制中，将锁子甲列为第12位。

图4-46　萨珊王朝重装骑兵的波斯铠甲

图4-47　萨珊王朝步兵的波斯铠甲

波斯萨桑王朝的开胸铠甲，东传到中国的年代较锁子甲要晚。从中亚康居卡施肯特城遗址出土的身披这种铠甲的骑士作战壁画、波斯萨桑国王狩猎图中国王的铠甲以及中国新疆石窟艺术中着开胸铠甲武士形象来看，这种铠甲有左右分开的高立领，铠甲一般前有护胸，下摆垂长及膝，外展如裙。它最早当在公元6世纪或7世纪时传到中国，在新疆军队中流传时间最长。当时东传至中国中原是毋庸置疑的。

服装交会时代，虽然只是表现出几个大国和其他诸多小国及民族之间的服装接触情况，但从此以后，人类服装摆脱了以往相对闭塞的状况，开始趋向于活跃的流动。而由此交流的活跃，必然决定服装艺术的更加繁荣。中西服装史自然因东西方文化交流而呈现出新的局面。

延展阅读：服装文化故事

1. 曹操扮捉刀侍卫被识破

东晋裴启的《语林》及南朝宋刘义庆的《世说新语·容止》中讲述了这样一个故事：魏王曹操将要会见匈奴使者，他自认为自己的相貌不足于威慑敌国，便让有气派的崔季珪代替自己，他本人却充当侍卫。结果，匈奴使者说，魏王虽然仪容严正，但榻旁捉刀站立之人才是英雄。

2. 三国时吴国赵夫人有三绝

魏蜀吴三国时期，吴主孙权曾有一位赵夫人。在六朝《拾遗记》中说赵夫人"针绝""丝绝""机绝"。赵夫人能用绣花针将山川湖泊绣制成画，又能用发丝织出极薄的幔帐，还能在织机上织出各种图案的锦，有云霞、龙蛇等各种动物，而且有大有小，精致至极。

3. 中国也有"灰姑娘"

唐代段成式《酉阳杂俎》中，有一个故事几乎与德国格林童话《灰姑娘》一样。据说秦汉前南方有一个美丽聪慧的小女孩儿名叫叶限，总受到后妈欺凌。叶限常得到一条小鱼的恩惠，小鱼给她一件绿纺上衣，一双特轻特柔的小金鞋。后来不慎丢落了一只。陀汗国国王命所有女子试穿，都穿不下，当叶限穿上这一双小金鞋时，国王喜爱上她，册封为王妃。

课后练习题

1. 襦裙的构成形式是怎样的?

2. 裤褶与裲裆分别指的是哪种款式服装?

3. 简述秦汉时期军戎服装的特点。

4. 丝绸之路对世界服装发展有何影响?

第五讲　服装互进时代

　　一旦发生服装交会，伴随而来的便是世界范围的更大规模的文化交流与融合。交会是中西方各个国家、各个民族的接触，交流则是相互之间的渗透和互为影响。尽管这种交流是分别由战争、迁徙和友好往来所构成的，但在服装互相促进方面所产生的作用几乎是一致的。

　　中国隋唐时期，南北统一，疆域辽阔，经济发达，中外交流频繁，体现出唐代政权的强大。丝绸之路贯通欧亚大陆，并结出硕果。西至欧洲波罗的海，东到日本奈良城，经济、文化交流空前活跃，沿途的商人、乐者、驭手、织工乃至学子纷纷加入到络绎不绝的行旅之中。于是，他们每个人身上穿戴的服饰，加上囊中装的、手中织的一系列服饰，都使异域人眼界大开。当年，中国首都长安人影如云，各国人士以其着装，使大唐在服装史上占尽风流，形成空前绚丽、辉煌的篇章。

　　在西方，公元7～11世纪的人们同样感受着丝绸之路带来的福祉。但与此同时，在现今欧洲界内也进行着民族之间的长期战争。在这种混乱局面中，西亚的匈奴人以其剽悍的性格和武装实力向东欧挺进，击溃了部分日耳曼人，最后又被多民族的联合军队所打败，匈奴人中的一部分从此混居在欧洲各民族中；在加速罗马帝国灭亡的战争中举足轻重的条顿人，陆续于公元4～6世纪重新定居在欧洲大陆的大部分地区。东进到达黑海地区的一股，就是闻名于世的哥特人。一部分哥特人占领了今天意大利的大部分国土；另一部分哥特人则在阿拉利克的率领下，威逼和攻打了君士坦丁堡。在征服西班牙以后，他们便开始在这大片土地上享有主宰者的最高权力，一直到伊斯兰人征服他们为止。向西流动的法兰克人在莱茵河以西成立西法兰克王国；阿利马尼亚人和撒克逊人成为当时德国一带的主要民族。

　　服装互进时代是中西服装史上一个波澜壮阔的时代。在前期，有着近千年历史并横贯欧亚大陆的丝绸之路曾给人类服装发展带来了意想不到的辉煌。而各国各民族之间你进我退、我进你退的战争局势也促使服装演化基本上呈持续前进且又相对稳定的状态。

　　进入服装互进时代后期的西方，有一事件对其影响巨大。它也是跨越欧亚大陆长达二百年的大事件，却是以血雨腥风伴随着服装的相互促进的，那就是中世纪宗教战争。参加中世纪宗教战争的欧洲士兵在领略了异地的自然风光与民俗民风之后，不自觉地将视线转移到服装上。这些细节尽管在历史书上被认为微不足道，但在中西服装史上却是件大事。

同一时期，带有强烈宗教意味的教堂建筑也别具一格，这一风格被人们称为"哥特式"，并为历代人所认可。无论是出于偶然还是必然，任何人都无法否认哥特式建筑艺术与那一时代服装艺术的亲缘关系。

当欧洲大陆处于中世纪的宗教氛围之中时，中国正值儒学的再发展时期，即在宋朝时形成的理学思想体系。与此同时，一些长年游牧的马上民族开始向宋王朝侵犯掳掠，在屈膝投降也难以换来和平友好的情况下，宋王朝和辽、金两个政权对峙了数百年，最后被蒙古族首领成吉思汗和忽必烈的队伍先后旋风般扫灭。中国的再次统一，是蒙古族执政的元王朝。蒙古族的势力范围并不限于神州大地。这个由中国蒙古族建立的亚洲大帝国东起中国海，西迄东欧，疆域之大，前所未有。这一事件本身即决定了它在服装互进时代后期的作用，尽管从融合形式上看，有着很多不情愿之处。

服装史上的互进时代，正值拜占庭文明中期和欧洲中世纪、中国隋唐宋元时期，相当于公元7～14世纪。在这一历史时期内，世界上大部分地区，发生了翻天覆地的变化，其中发生的重要事件很多。与此相关的是，服装发展突飞猛进。由于各国各民族之间的交往活跃，使服装款式、色彩、纹饰所构成的整体形象日益丰富、新颖、瞬息万变，服装制作工艺水平也大幅度提高。

第一节　中国隋唐服装

中国唐代国力强盛，对外经济、文化交流异常繁荣发达。因此，它不仅对其他民族服饰广收博采，而且很多自己的服饰对外也产生了巨大的影响，因而唐代服饰的发展盛况成为中西服装史中一个重要组成部分。

一、男子圆领袍衫与幞头

在隋唐之前，中国服饰已经趋于丰富，再经过魏晋南北朝时期的民族大融合，很多地区、民族的服装都在不同程度上因互相影响而有所发展，从而产生了一些新的服装款式和穿着方式。特别是从隋唐时起，服装制度越来越完善，加之民风奢华，因而服式、服色上都呈现出多姿多彩的局面。就男装来说，服式相对较为单一，但服色上却被赋予很多讲究（图5-1）。

图5-1 唐太宗李世民
着圆领袍衫画像

图5-2 穿圆领袍衫、裹软脚幞头的男子
（唐人《游骑图卷》局部）

（一）圆领袍衫

圆领袍衫，亦称团领袍衫，是隋唐时期士庶、官宦男子普遍穿着的服式，当为常服（图5-2）。从大量唐代遗存画迹来观察，圆领袍衫明显受到北方民族的影响，各部位变化不大，一般为圆领、右衽，领、袖及襟处有缘边。文官衣略长而至足踝或及地，武官衣略短至膝下。袖有宽窄之分，多随时尚而变异。

唐贞观四年（公元630年）和上元元年（公元674年），朝廷两次下诏颁布关于服色和佩饰的规定，第二次较前更为详细，即："文武三品以上服紫，金玉带十三銙；四品服深绯，金带十一銙；五品服浅绯，金带十銙；六品服深绿，银带九銙；七品服浅绿，银带九銙，八品服深青，鍮石带九銙，九品服浅青，鍮石带九銙，庶人服黄，铜铁带七銙。"

此处需要注意的是，在服黄有禁初期，对庶人还不甚严格，《隋书·礼仪志》载："大业六年诏，胥吏以青，庶人以白，屠商以皂。唐规定流外官庶人、部曲、奴婢服绸、绝、布，色用黄、白，庶人服白，但不禁服黄，后因洛阳尉柳延服黄衣夜行，被部人所殴，故一律不得服黄。"从此服黄之禁更为彻底了。一般士人未进仕途者，以白袍为主，曾有"袍如烂银文如锦"之句，《唐音癸签》也载："举子麻衣通刺称乡贡。"

袍服花纹，初多为暗花，如大科绫罗、小科绫罗、丝布交梭钏绫、龟甲双巨十花绫、丝布杂绫等。至武则天时，赐文武官员袍绣对狮、麒麟、对虎、豹、鹰、雁等真实动物或神禽瑞兽纹饰，此举导致了明清官服上补子的风行。

（二）幞头

幞头是这一时期男子最为普遍的首服。初期以一幅罗帕裹在头上，较为低矮。后在幞头之下另加巾子，由桐木、丝葛、藤草、皮革等材质制成，犹如一个假发髻，以保证裹出固定的幞头外形。中唐以后，逐渐形成定型帽子。名称依其演变

图5-3 穿圆领袍衫、裹硬脚幞头的男子
（韩滉《文苑图》局部）

图5-4 穿圆领袍衫、裹软脚幞头的男子
（《张果老见明皇图》局部）

式样而定，贞观时顶上低平称"平头小样"；高宗和武则天时加高顶部并分成两瓣，称"武家诸王样"；玄宗时顶部圆大，俯向前额称"开元内样"，皆为柔软纱罗临时缠裹。幞头两脚，初似带子，自然垂下，至颈或过肩。后渐渐变短，弯曲朝上插入脑后结内，谓之软脚幞头。中唐以后的幞头之脚，或圆或阔，犹如硬翅而且微微上翘，中间似有丝弦，以令其有弹性，谓之硬脚幞头（图5-3）。

幞头、圆领袍衫，下配乌皮六合靴，既洒脱飘逸，又不失英武之气，是汉族与北方民族相融合而产生的一套服饰（图5-4）。

二、女子冠服与妆饰

大唐三百余年中的女子服饰形象，可主要分为三种配套服饰。第一种为襦裙服，是典型的中原形制；第二种为女着男装，虽穿着款式以传统服饰风格为主，但与异邦影响有关；第三种就是胡服，是直接选用外来服饰。

（一）襦裙服

襦裙服主要为上着短襦或衫，下着长裙，佩披帛，加半臂，足蹬凤头丝履或精编草履。头上花髻，出门可戴幂䍦。

先说襦，唐代女子仍然喜欢上穿短襦，下着长裙，裙腰提得极高至腋下，以绸带系扎。上襦很短，成为唐代女服特点。襦的领口常有变化，如圆领、方领、斜领、直领和鸡心领等。盛唐时有袒领，初时多为宫廷嫔妃、歌舞伎者所服，但是，一经出现连仕宦贵妇也予以垂青。

再说裙，这是当时女子非常重视的下裳。制裙面料一般多为丝织品，但用料却有多少之别，通常以多幅为佳。裙腰上提高度，有些可以掩胸，上身仅着抹胸，外直披纱罗衫，致使上身肌肤隐隐显露。如周昉《簪花仕女图》以及周濆诗"惯束罗裙半露胸"等作品中便有这种装束的描绘，这是中国古代女装中最为大胆的一种样式。裙色可以尽人所好，多为深红、杏黄、绛紫、月青、草绿等，其中尤以石榴红

图5-5　穿半臂、襦裙的妇女

（陕西西安中堡村唐墓出土陶俑）

图5-6　穿大袖纱罗衫、长袖、披帛的妇女

（唐代周昉《簪花仕女图》局部）

图5-7　穿半臂、披帛的女子

（舞女，新疆吐鲁番阿斯塔那张礼

臣墓出土）

图5-8　穿短襦、长裙、披帛的妇女

（唐代张萱《捣练图》局部）

裙流行时间最长（图5-5、图5-6）。

同时有半臂与披帛，这是襦裙装中重要组成部分。半臂似今日的短袖衫，因其袖子长度在裲裆与衣衫之间，故称其为半臂。披帛，是由狭而长的帔子演变而来。后来逐渐成为披之于双臂、舞之于前后的一种飘带了（图5-7、图5-8）。

（二）女着男装

女着男装，即全身仿效男子装束，成为唐代女子服饰的一大特点。《新唐书·五行志》载："高宗尝内宴，太平公主紫衫玉带，皂罗折上巾，具纷砺七事，歌舞于帝前，帝与后笑曰，'女子不可为武官，何为此装束'。"形象资料可见于唐代仕女画家张萱的《虢国夫人游春图》与周昉的《纨扇仕女图》等古代画迹之中（图5-9、图5-10）。女子着男装，于秀美俏丽之中，别具一种潇洒英俊的风度。同时也说明，唐代对妇女的束缚明显小于其他封建王朝。

（三）胡服

初唐到盛唐间，北方游牧民族匈奴、契丹、回鹘等与中原交往甚多，加之丝绸

图5-9　穿男装的女子

（张萱《虢国夫人游春图》局部）

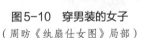

图5-10　穿男装的女子

（周昉《纨扇仕女图》局部）

图5-11　唐代胡舞女俑

图5-12　穿翻领窄袖胡服、戴浑脱帽、佩鞢鞢带的女子

（陕西西安出土石刻局部）

之路上自汉至唐的骆驼商队络绎不绝，所以游牧民族服装对唐代臣民影响极大。特别是胡服，这种包含印度、波斯很多民族成分在内的一种装束，使唐代妇女耳目一新，于是，胡服热像一阵狂风般席卷中原诸城，其中尤以首都长安及洛阳等地为盛，其饰品也最具异邦色彩。元稹诗："自从胡骑起烟尘，毛毳腥膻满城洛，女为胡妇学胡妆，伎进胡音务胡乐……胡音胡骑与胡妆，五十年来竞纷泊。"唐玄宗时酷爱胡舞胡乐，杨贵妃、安禄山均为胡舞能手，白居易《长恨歌》中的"霓裳羽衣曲"与霓裳羽衣舞即是胡舞的一种。另有浑脱舞、柘枝舞、胡旋舞等，对汉族音乐、舞蹈、服饰等艺术门类都有很大触动。所记当时"臣妾人人学团转"的激动人心的场面是可以想象到的（图5-11）。

浑脱帽是胡服中首服的主要形式。最初是游牧之家杀小牛，自脊上开一孔，去其骨肉，以皮充气，谓曰皮馄饨。至唐人服时，已用较厚的锦缎或乌羊毛制成，帽顶呈尖形，如"织成蕃帽虚顶尖""红汗交流珠帽偏"等诗句，即写此帽。纵观唐代女子首服，在浑脱帽流行之前，曾经有一段改革的过程，初行幂䍦，复行帷帽，再行胡帽（图5-12）。

（四）发式与面靥

唐女发式与面靥很讲究，常见的发式有半翻、盘桓、惊鹄、抛家、椎、螺等近三十种，上面遍插金钗玉饰、鲜花和酷似真花的绢花，这些除在唐仕女画中得以见到以外，实物则有出土的金银首饰和绢花。唐代妇女喜欢面妆，妆容奇特华贵，变幻无穷，唐以前和唐以后均未出现过如此盛况。如面部施粉，唇涂胭脂，见元稹诗"敷粉贵重重，施朱怜冉冉。"根据古画或陶俑面妆样式，再读唐代文人有关诗句，基本可得知当年面妆概况。如敷粉施朱之后，要在额头涂黄色月牙状饰面，卢照邻诗中有"纤纤初月上鸦黄"，虞世南诗中有"学画鸦黄半未成"等句。各种眉式流行周期很短，据说唐玄宗曾命画工画十眉图，有鸳鸯、小山、三峰、垂珠、月棱、分梢、涵烟、拂云、倒晕、五岳十种。从画中所见，十种眉型也确实大不相同，想必是拔去真眉，而完全以黛青画眉，以赶时兴。眉宇之间，以金、银、翠羽制成的"花钿"是面妆中必不可少的，温庭筠诗"眉间翠钿深"及"翠钿金压脸"等句道出其位置与颜色。另有流行一时的梅花妆，传南朝宋武帝女寿阳公主行于含章殿下，额上误落梅花而拂之不能去，引起宫女喜爱与效仿，因而，亦被称为"寿阳妆"。太阳穴处以胭脂抹出两道，分在双眉外侧，谓之"斜红"，传说源起于魏文帝曹丕妃薛夜来误撞水晶屏风。面颊两旁，以丹青朱砂点出圆点、月形、钱样、小鸟等，两个唇角外酒窝处也可用红色点上圆点，这些谓之妆靥。以上仅是唐代妇女一般的面妆，另有别出心裁者，如《新唐书·五行志》记："妇人为圆鬟椎髻，不设鬓饰，不施朱粉，唯以乌膏注唇，状似悲啼者。"诗人白居易也写道："时世妆，时世妆，出自城中传四方。时世流行无远近，腮不施朱面无粉。乌膏注唇唇似泥，双眉画作八字低，妍媸黑白失本态，妆成尽似含悲啼"（图5-13～图5-15）。

图5-13 妇女面妆与发式（一）

（a）贴"花钿"、抹"斜红"、梳"望仙髻"的女子 （b）贴"花钿"、梳"螺髻"的女子 （c）梳"云髻"的女子
（d）贴"花钿"、绘"妆靥"、梳"乌蛮髻"的妇女 （e）梳"高髻"并佩巾的妇女 （f）梳"双垂髻"的女子

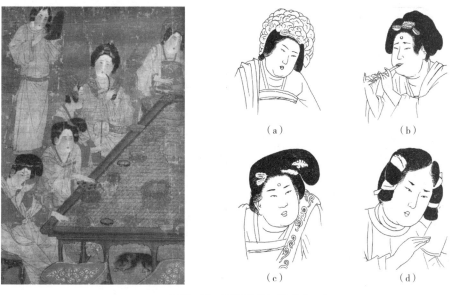

图5-14　妇女面妆与发式（二）

（a）戴"花冠"的妇女　（b）饰"花梳"、画"八字眉"、贴"花钿"的妇女
（c）梳"蛮椎髻"（或堕马髻）、贴"花钿"的妇女　（d）梳"垂练式丫髻"的女子

图5-15　唐代妇女发式

三、隋唐军戎服装

军戎服装的形制，在秦汉时已经成熟，经魏晋南北朝连年战火的熔炼，至唐代更加完备。如铠甲，《唐六典》载："甲之制十有三，一曰明光甲，二曰光要甲，三曰细鳞甲，四曰山文甲，五曰乌锤甲，六曰白布甲，七曰皂绢甲，八曰布背甲，九曰步兵甲，十曰皮甲，十有一曰木甲，十有二曰锁子甲，十有三曰马甲。"又记："今明光、光要、细鳞、山文、乌锤、锁子皆铁甲也。皮甲以犀兕为之，其余皆因所用

物名焉。"由此看来，唐时铠甲以铁制者最多，其他所谓犀兕制者，可能是水牛皮为之，另有铜铁合金质和布、木甲等。从历史留存戎装形象来看，其中明光甲最具艺术特色。这种铠甲在前胸乳部各安一个圆护，有些在腹部再加一个较大的圆护，甲片叠压，光泽耀人，确实可以振军威，鼓士气。戎装形制大多左右对称，方圆对比，大小配合，因此十分协调，突出了戎装的整体感。铠甲里面要衬战袍，将士出征时头戴金属头盔谓之"兜鍪"，肩上加"披膊"，臂间戴"臂鞲"，下身左右各垂"甲裳"，胫间有"吊腿"，下蹬革靴。铠甲不仅要求款式符合实战需要，而且色彩也要体现出军队的威力与勇往直前的精神。

考证古代军戎服装，一则依据出土文物，如兜鍪即有实物，铠甲也有。二则依据画迹，当然画面描绘多不清晰。三则是墓中出土全副武装的镇墓俑。四则是最清晰又完整的形象——佛教石窟或寺庙中以石、泥或木塑造的天王。很多佛教遗迹中的天王像保留下完美的唐代风格军戎服饰形象（图5-16~图5-18）。

图5-16　穿铠甲的三彩武士俑

图5-17　戴兜鍪、穿铠甲、佩披膊、扎臂、垂甲裳与吊腿、着战袍、蹬革靴的武士

（甘肃敦煌莫高窟彩塑）

图5-18　穿明光甲的武士

（陕西西安大雁塔门框石刻局部）

第二节　中国宋辽金元服装

宋朝至元朝这四百余年中，汉人与契丹、女真、党项、蒙古族人各自为捍卫其领土与主权或是企图扩张统一中华而展开殊死的搏斗，从而产生了许多名垂千古的

英雄将士。包括服饰文化在内的各族人民之间的交往也非常频繁。在对外贸易上，宋元较之唐代更盛，其中主要贸易国为阿拉伯诸国、波斯、日本、朝鲜、中印半岛、南洋群岛和印度等国。宋人以金、银、铜、铅、锡、杂色丝绸和瓷器等，换取外商的香料、药物、犀角、象牙、珊瑚、珠宝、玳瑁、玛瑙、水精（晶）、蕃布等商品，这对中国服装及日用习尚产生了很大影响。

一、宋——汉族服装特色

男子服装主要为襕衫。所谓襕衫，即无袖的长衫，上为圆领或交领，下摆一横襕，以示上衣下裳之旧制。襕衫在唐代已被采用，至宋最为盛行，其广泛程度可从仕者燕居至低级吏人。一般常用细布，腰间束带。也有不施横襕者，谓之直身或直裰，居家时穿用取其舒适轻便（图5-19）。

图5-19　穿襕衫的男子
（梁楷《八高僧故实图》局部）

幞头仍为宋人首服，应用广泛。不过唐人常用的幞头至宋已发展为各式硬脚，其中直脚为某些官职朝服，其脚长度时有所变。两边直脚甚长，或为宋代典型首服式样，有"防上朝站班交头接耳"之说，不一定可信，我们可以将它作为一种冠式来辨认宋代服饰形象（图5-20）。另有交脚、曲脚，为仆从、公差或卑贱者服用。高脚、卷脚、银叶弓脚、一脚朝天一脚卷曲等式幞头，多用于仪卫及歌乐杂职。另有取鲜艳颜色加金丝线的幞头，多作为喜庆场合如婚礼时戴用。南宋时即有婚前三日，女家向男家赠紫花幞头的习俗。

图5-20　戴直脚幞头、穿圆领襕衫的皇帝
（南薰殿旧藏《历代帝王像》之一）

图5-21　穿短衣的劳动者
（张择端《清明上河图》局部）

图5-22　穿背子的妇女
（宋人《瑶台步月图》局部）

**图5-23　穿襦裙、半臂、披帛、
梳朝天髻的女子**
（山西太原晋祠圣母殿彩塑之一）

需要单独说明的是，依宋代制度，每年必按品级分送"臣僚袄子锦"，共计七等，给所有高级官吏，各有一定花纹。如翠毛、宜男、云雁细锦、狮子、练雀、宝照大花锦，另有毯路、柿红龟背、锁子诸锦。这些锦缎中的动物图案继承武则天所赐百官纹绣，但较之更为具体，为明代补子图案确定了较为详细的种类与范围。

另外关注一下劳动者服式，劳动人民服式多样，但大都短衣、窄裤、缚鞋、褐布，以便于劳作。由于宋代城镇经济发达，其工商各行均有特定服饰，素称百工百衣。孟元老《东京梦华录》记："有小儿子着白虔布衫，青花手巾，挟白磁缸子卖辣菜……其士、农、商诸行百户衣装，各有本色，不敢越外。香铺裹香人，即顶帽，披背。质库掌事，即着皂衫角带，不顶帽之类，街市行人便认得是何色目。"张择端《清明上河图》中，绘数百名各行各业人士，服式各异，百态纷呈（图5-21）。

这时的女子服装一般有襦、袄、衫、背子、半臂、背心、抹胸、裹肚、裙、裤等，其中以背子最具特色，是宋代男女皆穿、尤盛行于女服之中的一种服式。

背子以直领对襟为主，前襟不施襻纽，袖有宽窄二式，衣长有齐膝、膝上、过膝、齐裙至足踝几种，长度不一。另在左右腋下开以长衩，似有辽服影响因素，也有不开侧衩者。宋时，上至皇后贵妃，下至奴婢侍从、优伶乐人及男子燕居均喜欢穿用，取其既舒适合体又典雅大方（图5-22、图5-23）。

抹胸与裹肚主要为女子内衣。二者比之，抹胸略短，似今日乳罩，裹肚略长，似农村儿童所穿肚兜。因众书记载中说法不一，如古书中写为"抹胸"，尚有抹胸外服之说，可以确定的是这两种服式仅有前片而无完整后片。以《格致镜原·引古月侍野谈》中记"粉红抹胸，真红罗裹肚"之言，当是颜色十分鲜艳的内衣。

图5-24　卷起裙子，穿长裤劳动的妇女

（王居正《纺车图》局部）

　　裙是妇女常服下裳，在保持晚唐五代遗风的基础上，时兴"千褶""百迭"裙，形成宋代特点。裙式修长，裙腰自腋下降至腰间的服式已很普遍。腰间系以绸带，并佩有绶环垂下。"裙边微露双鸳并""绣罗裙上双鸾带"等都是形容其裙长与腰带细长的诗句。

　　汉人古裤无裆，因而外着裙，裙长多及足，劳动妇女也有单着合裆裤而不着裙子的，应为之裈。宋代风俗画家王居正曾画《纺车图》，图中怀抱婴儿坐在纺车之前的少妇与撑线老妇，皆着束口长裤。所不同的是，老妇裤外有裙，或许是因为劳动时需要便利，将长裙卷至腰间。这种着装方式在非劳动阶层妇女中基本没有（图5-24）。

二、辽——契丹族服装特色

　　契丹族是生活在中国辽河和滦河上游的少数民族，从南北朝到隋唐时期，契丹族还处于氏族社会，过着游牧和渔猎生活。

　　契丹族服装一般为长袍左衽，圆领窄袖，下穿裤，裤放靴筒之内。女子在袍内着裙，亦穿长筒皮靴。因为辽地寒冷，袍料大多为兽皮，如貂、羊、狐皮等，其中以银貂裘衣最贵，多为辽贵族所服。

　　男子习俗髡发（图5-25）。不同年龄有不同发式。女子少时髡发，出嫁前留发，嫁后梳髻，除高髻、双髻、螺髻之外，亦有少数披发，额间以带系扎。

　　1986年7月，内蒙古哲里木盟奈曼旗青龙山镇辽陈国公主和驸马合葬墓中，有单股银丝编制的衣服和手套、鎏金银冠、琥珀鱼形舟耳饰、项链、垂挂

图5-25　髡发的男子

（传宋人《还猎图》局部）

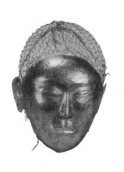

图5-26　银丝头网金面具
（辽陈国公主墓出土实物）

图5-27　高翅鎏金银冠
（辽陈国公主墓出土实物）

图5-28　玉佩
（辽陈国公主墓出土实物）

动物形饰物的腰带等被发现，做工精致程度令世人震惊。可见，当时的服饰制作工艺水平已经很高（图5-26~图5-28）。

三、金——女真族服装特色

女真族是中国东北地区历史悠久的少数民族之一，生活在黑龙江、松花江流域和长白山一带，一直到隋唐时期，还过着以渔猎为主的氏族部落生活，古称"靺鞨"。

从古籍中有关服饰的记载来看，女真族和契丹族的服装有些相似之处，如左衽、衣皮、窄袖、蹬靴等。但发式却不相同。女真族男人讲究剃去顶发，再将后脑部位的头发掺入丝带，编成辫子，垂搭于肩背（图5-29、图5-30）。

女真族崇尚白色，认为白色洁净，同时也与地处冰雪寒天且衣皮、皮筒里儿多为白色有关。富者多服貂皮和青鼠、狐、羔皮，贫者服牛、马、獐、犬、麋等毛皮。夏天则以纻丝、锦罗为衫裳。男子辫发垂肩，女子辫发盘髻，也有髡发，但式

图5-29　穿皮衣、戴皮帽、佩云肩的妇女
（金代张瑀《文姬归汉图》局部）

样与辽相异。耳垂金银珠玉为饰。女子着团衫，直领、左衽，下穿黑色或紫色裙，裙上绣金枝花纹。

四、元——蒙古族服装特色

蒙古族男女服装均以长袍为主，样式较辽的服装更为宽大。虽入主中原后

图5-30　穿皮衣、戴皮帽、蹬革靴的男子
（宋人《猎归图》局部）

称元，但服装制度不是很规范，仍允许汉服与蒙服同存。男子平日燕居喜着窄袖袍、圆领、宽大下摆，腰部缝以辫线，制成宽围腰，或钉成成排纽扣，下摆部折成密裥，俗称"辫线袄子""腰线袄子"等。这种服式在金代时就有，焦作金墓中有形象资料，元代时普遍穿用。首服为冬帽夏笠。各种样式的瓦楞帽为各阶层男子所用。重要场合蒙古族在保持原有服装形制外，也采用汉族的朝祭诸服饰。元代天子原有冬服十一、夏装十五等规定，后又参酌汉、唐、宋之制，采用冕服、朝服、公服等。当时元人尚金线衣料，以加金织物"纳石失"最为高级（图5-31、图5-32）。

女子袍服仍以左衽窄袖大袍为主，里面穿裤。颈前围一云肩，沿袭金俗。袍子多用鸡冠紫、泥金、茶或胭脂红等色。女子首服中最有特色的是"顾姑冠"，也叫"姑姑冠"，所记文字中因音译关系有所差异（图5-33）。《长春真人西游记》载："妇人冠以桦皮，高二尺许，往往以皂褐笼之，富者以红绡，其末如鹅鸭，故名'姑姑'，大忌人触，出入庐帐须低回。"夏碧巊诗云："双柳垂髻别样梳，醉来马上倩人扶，江南有眼何曾见，争卷珠帘看固姑。"汉族妇女尤其是南方妇女根本不戴这种冠帽。

图5-31　蒙古族帝王服饰
形象
（佚名《元世祖像》）

图5-32　戴瓦楞帽的男子
（南薰殿旧藏《历代帝王像》
局部）

图5-33　戴顾姑冠的皇后
（南薰殿旧藏《历代帝后图》
局部）

第三节 拜占庭与西欧战服时尚

在服装互进时代中，西欧战火频仍，因而战争对当时的着装形式影响极大。不管是百姓的日常着装，还是帝王临朝听政，一袭战服是司空见惯的。这里所谈到的战服，是指服装风格。就是说，在这一历史时期内，由于长年战乱，人们的常服在很大程度上受到战服影响。加之罗马人一贯英勇善战，在帝国所征服的很多地区中，都自然地吸取了罗马的服装风格。罗马的服装即使非士兵所服，也是利于作战的，这一点决定了当时欧洲以及地中海一带战服的普及。

一、紧身衣与斗篷

紧身衣，曾被作为罗马帝国时期充分体现英武之气的服式出现。公元6世纪时，罗马皇帝加斯蒂尼安的紧身衣，已是全身上下布满了黄金装饰，力求在不失勇士风范的同时，又显示富有和权威。到了公元11世纪，拜占庭帝国皇帝奈斯佛雷斯·波塔尼亚特，身着更为庄重典雅的紧身衣。它由最别致的紫色布料制作而成，周身用金银珠宝排成图案，使帝王在威严之中显露出高贵，而在奢侈之中又未丢掉其勇士之风。

拜占庭帝国的服装，始终保留着英勇善战的风貌。尽管他们后来已经移居西亚，但其服装传统仍然保留了欧洲服装尚武的风格。拜占庭服装中，除了典型的紧身衣在这一时期向高水平发展之外，其他如斗篷、披肩等服式也有不同程度的提高。在帝国对外强制推行罗马文明进程中，紧身衣与斗篷几乎遍布了西欧（图5-34~图5-36）。

随着日耳曼人陆续占领西欧，罗马人在西欧传播罗马文化的势头逐渐衰落下去。但是，紧身衣和斗

图5-34 法兰克国王查理的服饰形象

图5-35 劳瑟雷皇帝在画像上的服饰形象

图5-36 以金属扣固定于右肩的披风

篷的着装形象仍然被西欧人所保持着。以致中世纪初期，除了衣身的长短随着装者身份和场合而有所不同外，男女日常服装主要是由内紧身衣和外紧身衣构成。在紧身衣外面，再罩上一种长方形或圆形的斗篷，然后将其固定在一肩或系牢在胸前。紧身衣与斗篷共同构成配套服饰，是带有尚武精神的经典服装。它早期为上阵的勇士所服，后来则遍及于各阶层人士之间，而且装饰更加富丽堂皇（图5-37）。

图5-37　当年王公服饰形象

二、腿部装束

无论是裹腿，还是裤子、长筒袜，西方男人总是将腿裹得紧紧的，显出一副骁勇的劲头。这种显露下肢肌体结构的装束，成为欧洲男性着装形象的特征之一，与中国男子长袍大袖形成根本区别。

益格鲁—撒克逊人的男子，日常生活中双腿裸露。装束打扮时，习惯于腿上缠布，或是系上一副挺实坚固的护腿，覆盖于两膝之上（这是古代战服的遗痕）。

公元8～11世纪，欧洲男子的腿部装束，流行裤子、长筒袜或短袜、裹腿布。裤子分衬裤和外裤。衬裤的布料由亚麻纤维织成，为上层社会成员所专用。其裤管长至膝盖部位，略上或略下。外裤的历史实际上很久远，中世纪初期时仍被人们沿用，但是在款式上有些变化，例如，长度加长而腿部有开缝的痕迹。面料上上层社会男子多选择羊毛或亚麻布，普通百姓则主要是采用羊毛粗纺的面料。这一时期的男式袜子有长短两种，只是袜筒一般达到膝盖下方。长筒袜会很长，由于着装者上身为紧身衣，因而有时长裤和长筒袜的实际效果近似，一时难以分辨。从有关形象资料上观察，袜筒的纤维一定很挺括，有的上部边缘可以翻卷或紧束，有的则镶或直接绣上花纹。短筒袜高至小腿部位。还有一种更短的袜子，略高于鞋帮。穿着时，裤子与长筒袜或短筒袜可同时并用。裹腿布作为战服的一部分，仍在这一时期保留着。裹腿布的宽窄不同，但是缠绕的情况以及上端部位的扣结表明，每条腿是用两条裹腿布绑裹。这些裹腿布大多用羊毛或亚麻织物，也有用整幅皮革制成。一般来说，在野外从事重体力劳动，特别是骑马的人，只在腿上包一块长方形布，避免腿部受到伤害，而王室成员的裹腿布，则要以狭窄的布条在缠裹时做出折叠效果，以显示尊贵。不管是哪一阶层的人都用裹腿布，本身即说明了战服在这一时期中仍被人们喜爱，并在一般常服中占有重要位置（图5-38）。

德国国王亨利二世，在金黄色紧身衣外，披着蓝色斗篷，下身也是大花图案的

图5-38　公元5~10世纪，东罗马帝国的士兵

长筒袜。同时，从很多画面上的人物形象来看，紫色大花长筒袜，其袜带以交叉形式对称系牢在袜筒上，然后再配以镶满金箔的鞋，这几乎是当时流行的上层人士腿部装束。这些装束无论何等富丽，如镶满宝石、珍珠等，但紧裹这一形式本身，却是完全具有战服特色的。一则裹住下肢，是急装的必要形式，二则裤、袜以至靴形适体，也体现出战士的英姿（图5-39）。

第四节　华丽倾向与北欧服装

图5-39　德国国王亨利二世的服饰形象

在整个服装互进时代中，拜占庭和欧洲的战事虽然没有停歇过，但这丝毫也不影响上层人士着装上的奢侈倾向。尤其是贵族妇女们，正是在战乱引起的迁徙和错居中，得以了解和模仿新奇的服装，从而将自己的服装制作得异常新颖。

西方国王和王后的王冠，常以珍珠和红、蓝宝石镶嵌图纹，这个自不待言。在拜占庭时期，即使是没有勋爵的富豪阶层的常服，也以镶珍珠、玛瑙和金银宝石为时尚。在各大博物馆里，都留下了当时考究的佩饰，如镶有珍珠和蓝色宝石的手镯以及镶珍珠宝石的耳环等。

11世纪的男子服装，常常是缝缀着大小宝石。相比之下，英格兰人自那时起就讲究服装风格的庄重典雅、朴素大方，不像日耳曼人那样追求华丽。总体来说，钻石和各种宝石被大量地使用在服装上，而拜占庭帝国金属首饰的工艺水平尤其高超，戒指、耳环、手镯、别针、皮带扣等设计和制作得相当别致。这些连同战服时尚都对北欧、东欧的服式产生了影响（图5-40、图5-41）。

北欧人到达东方以后，积极鼓励并发展丝织。到了11世纪末，这里出产的大量丝绸、金丝花纹图案等纺织品以及多种多样的服装设计，都融合或体现了各国的长处，对后世影响深远。

北欧人的紧身衣，衣长直至膝部。通过采用装饰花边，并使用黄金饰品，使

图5-40 公元9~11世纪德国地区的服饰形象

图5-41 公元11~12世纪德国地区的服饰形象

单调的服装有所变化。而披着的大斗篷又使整体显得风度翩翩，然后用一个结实的、精心设计的胸针系紧。胸针因阶层不同可以选择贵重金属或普通材质，衣服镶着的皮条或衬着的衣里，有貂皮、松鼠皮和兔皮等多种选择。

由于北欧人原居住地气候寒冷，所以他们喜欢留长发。女性的长发有时编成辫子，有时就在身后飘拂着。挪威的吉尔人喜好红发，为此常把头发染成红色。从出土遗物中发现，人们当时已用颜色鲜艳的兽毛（鬃）或丝做成假发（图5-42）。

图5-42 北欧人服饰形象

另外，俄罗斯等东欧国家的服装，在公元11世纪和12世纪时也已经具有了独特的民族风格。这些地区的服装基本上与欧洲的服装发展是同步的，只是其衣、帽、靴上的刺绣花纹，在民间始终保持着一个地区的特色。

第五节 中世纪宗教战争对服装的影响

历史学家把中世纪宗教战争说成是扩张主义的主要表现，尽管它的起因是宗教热，但如果从服装史的角度看，中世纪宗教战争早期除了神圣的口号"拯救圣地"以外，还有西欧人对东方美好事物的向往。

由于战争的主力是骑士，因而骑士装也曾在欧洲中世纪时流行。它既给予各国非骑士阶层以模仿的样式，同时其自身服式也在吸收各国服装风格的过程中逐渐丰富起来。

骑士制度盛行于公元11～14世纪，后来因欧洲封建制度解体和射击武器的广泛使用而渐趋没落。

骑士们的战时服装，头上是一个能把头部套进去，以保护头颅和鼻子的金属头盔；一副由铁网或铁片制成的从肩部直至足踝的分段金属铠甲，并分为胸甲和背甲。有时候，在胸甲外再套上一件有刺绣花纹的织物背心，所绣图案和盾牌上的徽章图案相同，并有军衔标志，以显示身份，这种背心被称为柯达。另外，骑士要每人佩一把剑，并手握一只长枪和一个长尖形的盾。《堂·吉诃德》书中描写的一心模仿骑士的堂·吉诃德就是"浑身披挂，骑上弩骖难得，戴上拼凑的头盔，挎上盾牌，拿起长枪……"除此以外，正式的骑士还要配备一名仆人（堂·吉诃德就永远带着仆人桑丘）。因为这些装备一般只有在作战时才穿戴执掌起来，所以平时交给仆人背负。骑士的坐骑上也披挂着绣有与服装同样图案的织物。这些或绣或绘的图案，只是起到炫耀身份和标明军衔的作用，而绣绘上图案的衣服和器物，其实用性还是相当强的。盾牌是防御武器自然不用说，坐骑上的织物也是为了避免衣服和马鞍的过度摩擦，垫上后可以使骑者感到舒适。至于那件套在铠甲外的织物背心，则可保护铠甲不受雨淋，从而防止生锈，同时还可以避免阳光直接照射到金属铠甲上迅速传热，或发出刺目的闪光而有碍视力，或因走路发生金属相互摩擦、撞击而发出刺耳噪声（图5-43~图5-45）。

骑士装的铠甲内也要有衬垫。它不能是轻而薄的，必须以多层布重叠缝纳，制成布甲式的衣服，才可能使身体在承受金属铠甲和武器时略感到轻松舒适一些，并适当起到防护刀枪的杀伤以及防止寒风侵袭的作用。这种衬垫不仅包住肩部和胸部，还是一件纳缝起来的厚厚的上衣。

骑士铠甲中的衬垫，也可以在不穿铠甲时单独使用，这就促成了后来男子紧身纳衣的流行。

图5-43　全套骑士装

图5-44　典型的骑士铠甲

图5-45　13世纪骑士头盔

一、骑士装对常服的影响

到了公元14世纪，骑士的铠甲已经完全变成了金属薄板式。这一变化当然要求对铠甲内外的服装加以调整，以使其能够适应新的铠甲。金属板铠甲比较贴身，并且清楚地显露出各处的接缝和边缘。于是，衬在铠甲里面的紧身纳衣，需要剪裁合理以求贴身适体。由于两腿也是分段的金属铠甲，所以长筒袜更加显示出其功能的合理性与外观的健美性。以后，当骑士们不再穿铠甲的时候，紧身衣和长筒袜越发显得潇洒自如，灵活而又大方，一时成了男装的标准样式（图5-46）。

服装各部位越是合身适体、紧贴躯干和两臂，就越适于人体活动。由于衣服紧瘦又要容易穿脱，并便于大幅度活动，所以衣身的开襟处和袖子的肘部到袖口处，出现了密密麻麻的纽扣。前襟的纽扣一般为30~40个；袖子上可多达20余个。贵族的衣扣多用金质或银质，以显示豪华与尊贵。

与此为配套服装的是紧裹双腿的裤袜。为了将长筒袜系牢，可以在上衣的里面缝缀细带或饰针。穿着长筒袜时，用上衣的细带或饰针将长筒袜上端连接系牢。

从这种紧身纳衣演变来的服装款式，会采用更多的填充物，使肩、胸的造型变得更加突起。有时为了使肩到上臂的袖子上部更加膨大，会在这个部位重点填充，而腰部则使用革带收紧腰身，以此来强调男性宽厚的肩部、胸部和窄俏的臀部。这种服装不仅面料考究，有的还用毛皮装饰，使着装者显得更加高贵气派（图5-47）。

当然，紧身纳衣的发展趋势也不仅限于更加紧身，同时出现了向宽松厚大发展的趋势。填充物更为夸张的结果，使服装整体形象具有一种立体的美感。由于衣身宽大，所以纽扣没有必要再像以前那么多，袖口的形式也逐渐消失了。在此之后，上衣演变为长衣，袖子更加宽松，以致出现了大喇叭袖，袖长有时可以曳地，袖口处还做成规则的长短不齐的花边（图5-48）。

图5-46　影响到民间的紧身纳衣

图5-47　影响到民间的填充式服装

图5-48　有褶裥并带有填充
　　　　物的时髦男装

图5-49　公元14世纪的法国男装

伴随战争中的骑士东征西讨，骑士装对所到之处的男装都产生了明显的影响，那就是紧身衣和长筒袜组合构成的、男性气息非常浓郁的服饰风格。

二、东西方服装的必然融合

战争中有必要规定出某种标志，以便于在战斗中分清敌我。于是，一种佩戴在胸前的徽章，成了流行的佩饰。就是说，这种徽章不再限于征战的官兵之中，而是普遍流行于达官显贵和他们的奴仆中间。这种本来属于军队的装饰后来流行至民间的现象，在战争前后都有不少生动的例证（图5-49）。

将士们喜欢在腰带上佩一个小荷包。欧洲的服装史学家分析，可能有两个原因：一个是朝圣的人每次前往圣地时，那里的有关人士总要赠给他们一些朝圣纪念品。小荷包是常见的纪念品，它象征着朝圣者的终生虔诚；再一个原因是朝圣者来自四面八方，在往返的路上，非常需要一种既方便又灵活的小布袋，用以存放和携带可以到处流通的金银、珍珠、宝石、玛瑙等贵重物品，小荷包恰恰是最为合适的容具。而这种实用性和装饰性都很强的小荷包，也成为人们在朝圣时期用来装饰自己的佩件了。

将士们所到之处，普遍流行一种圆饼形头饰，最初是用来保护帽盔免受风吹雨淋，同时又可以保护眼睛不受阳光刺激。以后逐渐演变，出现许多样式的圆饼形头饰，到了13世纪和14世纪，这种圆饼形头饰成为普通人外表装束的重要组成部分。

可以这样说，由中世纪宗教战争所产生的东西服装融合的趋势，不是迅速形成的，而是在漫长的岁月中，在成千上万的欧洲人亲眼目睹了地中海一带的古老文明和璀璨文化以后，东方那些精美豪华的纺织衣料、宝石珍珠以及刺绣艺术和服装设计，都吸引了他们，以致对后来西欧服装的演变和革新产生了巨大而重要的影响。这种接触和联系所促成的一系列连锁反应，都明显体现在后来的服装上。最能说明事物发展的一点，就是战争使得欧洲对于东方丝绸和刺绣品的需求成倍地增长。当战争彻底结束时，由东方运往西方的商品，比以前增加了10倍，其中包括很多先进东方生产技术制成的优质产品，如丝绸和珍宝饰件等。这一方面刺激了意大利等地的纺织业和首饰业，另一方面促进了欧洲服装和亚洲服装的互通。其中在欧洲的影响，延伸到文艺复兴时期，即15世纪和16世纪，并且非常充分地显示出来。

第六节　哥特式风格在服装上的体现

所谓哥特式风格，最初是用来概括形容欧洲中世纪，特别是公元12～15世纪的建筑、雕刻、绘画和工艺美术的。

哥特式艺术风格的产生与宗教密切相关，因为它首先表现在沙特尔、亚眠大教堂和其他市镇的大教堂建筑风格上（图5-50），后来迅速推广开来。哥特式艺术风格遍布绘画、雕刻和工艺美术品，因此对同时期服装艺术风格的影响，也是不言而喻的。在服装形象上，能塑造出哥特式教堂建筑般的风格吗？答案是肯定的。

图5-50　哥特式建筑

一、哥特式风格首服

从头上看起，哥特式风格的首服多种多样，有的男子以饰布在头顶上缠来缠去，堆成了鸡冠样的造型，另一头则长长地垂下来；或是从胸前绕过，搭向另一边的肩后，被称为漂亮的鸡冠头巾帽。另外还有各种各样的毡帽，像倒扣的花盆状，帽顶有尖有圆，有高有低，有时插上一根长长的羽毛为装饰（图5-51）。

而最有哥特艺术风格的是女帽中的安妮帽（有时译为海宁帽、亨妮帽），这是由一名叫安妮的贵妇自行设计并首先戴起来的（图5-52）。安妮帽的帽形是高耸的，上面有一个尖顶。在

图5-51　哥特式服装风格

图5-52 哥特式安妮帽

图5-53 哥特式女装与安妮帽

图5-54 德国扑克牌上
显示的尖头鞋

这种帽子的尖顶上，罩着纱巾，薄薄的烟雾一般的轻纱从尖顶上垂下来。有时向帽子后边垂下，有时把整个帽子罩起来并直遮到脸上（图5-53）。帽子的尖顶高低不等，有时还有双尖顶的造型。确是与高耸入云的哥特式教堂建筑有异曲同工之妙。

男子不戴这种尖顶帽，但所戴的罩帽披肩，头上造型也是尖顶的。人们发现当时牧羊人的罩帽披肩，就是上端为尖状，下端与小披肩相连，同围裹式服装有某些相似之处。更长一些的有些像斗篷。这种罩帽披肩在12世纪后半叶非常流行。

13世纪时，贵族男子身穿名为柯达第亚的上衣下裤形式的服装，其面料、色彩和局部装饰都非常考究华丽。衣服表面一般要织出或绣出着装者的族徽或爵徽，以示身份地位。头肩部位披戴着一种新式的罩帽披肩，帽后有长长的柔软的帽尖款款垂下，恰好与脚上的尖头鞋相映成趣。

二、哥特式风格足服

尖头鞋，是哥特式服装的一种典型。公元12～14世纪期间，尖头鞋或是直接在袜底缝上皮革的长筒袜，都是将鞋尖做得尖尖的。待到15世纪时，其鞋头之尖的程度，已经令人瞠目。现在服装史研究人士都认为这种尖头鞋起源于东欧地区的波兰，早先被称作波兰式尖头鞋。据说是通过英国国王理查德二世同波希米亚的安妮公主的婚礼仪式传入西欧的。当时的波兰是波希米亚王国的一部分，尖头鞋曾是一种常见样式，在西欧流行后，竟发展到鞋长是脚长的两倍半。有时在膝盖下方的袜带上悬吊一块垂片，袜子的尖头刚好可以与这块垂片相连。在欧洲一本《服装百科全书》中说，原始的袜尖（即超过脚的部分）就有15.24厘米之长，多余的部位只能填充一些苔藓类的东西（图5-54、图5-55）。

再一种说法是，这种以软皮革做成的尖头鞋，越长越高贵。据说王族的鞋长为脚的两倍半，爵爷的为两倍，骑士的为一倍半，牧人为一倍。庶民的鞋尖，是

图5-55 典型的哥特式女服和男子尖头鞋

图5-56 流行至15世纪的尖头鞋，其鞋后跟至鞋尖长达32.5厘米，鞋带系于一侧
（收藏于维多利亚—阿尔勃特博物馆）

图5-57 鞋头系在腿上示意图

其脚长的二分之一。如果不将鞋头系在膝盖上的话，便将尖端安上金银锁链，另一头系在鞋帮上。可以说，尖尖的靴鞋、尖而长的胡须和尖而高的安妮帽，都是哥特式艺术风格在服装上的反映。它们的形成看起来是那样的漫长和那样的漫不经心，但实属必然，是人们在宗教艺术氛围中所萌生的审美趣味和审美标准（图5-56、图5-57）。

三、哥特式风格服饰色彩

服装色彩的选择也让人联想到哥特式教堂内色彩的运用。男子的衣身、两侧的垂袖和下肢的裤袜，常用左右不对称的颜色搭配方法。女子的柯达第亚式连衣裙，上身贴体，下裙呈喇叭形，后裙裾有时在地上拖得很长，走路时需人帮助拽起。它也常用不同颜色的衣料做成。上下左右在图案和色彩上呈现不对称形式，似乎也在模仿或寻求哥特式教堂里彩色玻璃窗的奇异韵味（图5-58、图5-59）。最低限度讲，它们是同一时期，

图5-58 取自于哥特式教堂色彩风格的不对称裤装

图5-59 哥特式教堂的彩色玻璃窗

受同一种审美思潮推动而形成的，无论是否与宗教有关，都可以肯定与哥特式风格有关。

哥特式建筑或绘画确实影响了人们当时的穿着，当年所呈现的服装形象因而也成了画师勾画圣经人物服装的参考资料。艺术离不开时代，离不开姊妹艺术之间的沟通与互进。这在服装互进上毫无例外。

延展阅读：服装文化故事

1. 《战马超》中曹操割须弃袍

京剧《战马超》来自于小说《三国演义》。其中描写马超领兵杀入曹营，来势汹汹，曹操只得跨马逃离。马超告知手下："穿红袍是曹操！"曹操慌忙脱掉红袍。忽又听"长胡子的是曹操！"曹操在马上割短了胡须。这里说明了在不知情的时候，服饰就是最好的标识。

2. 战场情定珍珠衫

京剧《状元媒》中，描写了一段宋朝杨家六郎杨延昭与柴郡主二人在与敌方搏斗的战场上结下情缘的故事。辛亏柴郡主在被救后脱下珍珠衫赠予小将杨延昭，不然的话，险些就被宋太宗阴错阳差地认定是别人。说明了服饰历来是定情之物。

3. 古来戒指表爱情

古罗马和欧洲中世纪时，表示爱情的戒指是女送男的，意为拴住男人的心。收到戒指的男子要郑重地戴在自己的无名指上，因为人们认为无名指上有许多细小的神经直通心脏。戒指戴在无名指上，就可以永远记住这份爱。

课后练习题

1. 圆领袍衫和幞头体现出中国男服怎样的风格？

2. 骑士装是怎样形成的？它产生过哪些影响？

3. 简述哥特式服装的特点。

第六讲　服装更新时代

公元14~16世纪，服装交会和服装互进结出硕果，服装进入到更新时代。中西方大部分国家和民族的服装水平得到了不同程度的提高，势必导致服装发展得到一个新的跃进，即全面更新。

第一节　中国明代服装

中国明代注重对外交往与贸易，其中郑和七下西洋，在中国外交史与世界航运史上写下了光辉的一页。这些都大大开阔了人们的视野，带来了许多新的文化信息，也为明代服装更新提供了必要的条件。

一、男子官服与民服

明代服装更新中，最突出的一点是立即恢复汉族礼仪，调整冠服制度，太祖曾下诏："衣冠悉如唐代形制。"在解除辽、金、元的服饰影响中，决策是非常彻底的。而这种更新中的文化性，则更突出地体现在官服上（图6-1、图6-2）。

图6-1　戴乌纱折上巾、穿绣龙袍的皇帝
（《明太祖坐像》，藏台北故宫博物院）

图6-2　金翼善冠
（明十三陵定陵出土实物）

（一）官服

官服以袍衫为尚，头戴梁冠，着云头履。革带、佩绶、笏板等都有具体安排，如下表6-1所示。

图6-3　穿补服、戴乌纱帽的官吏
（谢环《杏园雅集图》局部）

明代服装中最具文化性的地方便是在官服前后缝缀补子，以区分等级。这几乎成为明代服饰形象的一大标志。而且在封建制的最后一个朝廷清王朝改冠易服后，仍然保留下汉民族传统文化的凝结体——补子。可以认为，补子的产生，和武则天赐百官袍绣对狮、麒麟、对虎、豹、鹰、雁有关。因为当时就是文官绣禽，武官绣兽（图6-3、图6-4）。

图6-4　穿补服、戴乌纱帽的官吏

表6-1　明代官服梁冠、革带、佩绶、笏板分级表

品级	梁冠	革带	佩绶	笏板
一品	七梁	玉带	云凤四色织成花锦	象牙
二品	六梁	犀带	云凤四色织成花锦	象牙
三品	五梁	金带	云鹤花锦	象牙
四品	四梁	金带	云鹤花锦	象牙
五品	三梁	银带	盘雕花锦	象牙
六、七品	二梁	银带	练鹊三色花锦	槐木
八、九品	一梁	乌角带	鸂鶒二色花锦	槐木

明代补子以动物为标志形象，文官绣禽，武官绣兽。袍色花纹也各有规定。盘领右衽、袖宽三尺的袍上缀补子，再与乌纱帽、皂革靴相配套，成为典型明代官员服式。补子与袍服花纹分级简表如下表6-2所示。

表6-2　明代官服补子与袍服花纹分级表

品级	补子		服色	花纹文官
	文官	武官		
一品	仙鹤	狮子	绯色	大朵花、径五寸
二品	锦鸡	狮子	绯色	小朵花、径三寸
三品	孔雀	虎	绯色	散花无枝叶、径二寸
四品	云雁	豹	绯色	小朵花、径一寸五
五品	白鹇	熊黑	青色	小朵花、径一寸五
六品	鹭鸶	彪	青色	小朵花、径一寸
七品	鸂鶒	彪	青色	小朵花、径一寸
八品	黄鹂	犀牛	绿色	无纹
九品	鹌鹑	海马	绿色	无纹
杂职	练雀			无纹
法官	獬豸			

以上规定并非绝对，有时略为改易，但基本上符合这种定级方法。

综合来看，补子是带有明显符号意义的图案。所选用的动物不是形象俊美的，就是气势威猛的。设计意图中力求以此来体现官员的威严，同时具有视觉美。动物本身没有等级，是人将自身社会的等级观念，单方面地强加在动物形象上的。因此，这里的动物本身已没有什么实在的意义，它只是充当一个标记，一个内涵凝缩的符号来存在的。从这点来说，无论动物是取自现实世界的，如鹤、雁、鹌鹑等，还是取自于神话传说，如獬豸本是传说中的异兽，头上有角，能辨曲直等，都不必用科学的标准去衡量（图6-5、图6-6）。

一品 仙鹤　　二品 锦鸡　　三品 孔雀　　四品 云雁　　五品 白鹇　　六品 鹭鸶

七品 鸂鶒　　八品 黄鹂　　九品 鹌鹑　　杂职 练雀　　法官 獬豸

图6-5　文官补子图案集

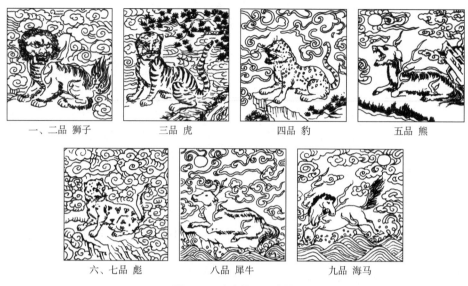

一、二品 狮子   三品 虎   四品 豹   五品 熊

六、七品 彪   八品 犀牛   九品 海马

图6-6 武官补子图案集

（二）民服

明代各阶层男子便服主要为袍、裙、短衣、罩甲等。大凡举人等士者服斜领大襟宽袖衫，宽边直身。这种肥大斜襟长衣在袖身等长度上时有变化，《阅世编》称："公私之服，予幼见前辈长垂及履，袖小不过尺许。其后，衣渐短而袖渐大，短才过膝，裙拖袍外，袖至三尺，拱手而袖底及靴，揖则堆于靴上，表里皆然。"衙门皂隶杂役，着漆布冠、青布长衣，衣身下部折有密裥，腰间束红布织带。捕快类头戴小帽，青衣外罩红色布料背甲，腰束青丝织带。富民衣绫罗绸缎，不敢着官服色，但于领上用白绫布绢衬之，以别于仆隶。崇祯末年，"帝命其太子、王子易服青布棉袄、紫花布袷衣、白布裤、蓝布裙、白布袜、青布鞋、戴皂布巾，作民人装束以避难"。由此可以断定，这种化装出逃的服式，即为最普遍的百姓装束（图6-7）。

明时首服有"四方平定巾"，为职官儒士便帽。有网巾，用以束发，表示男子成年。据说为明太宗提倡，因以落发马鬃编织，用总绳收紧，也得个"一统山河"的吉祥名称。另有包巾、飘飘巾、东坡巾等二十余种巾式，多统称为儒巾

图6-7 穿衫、裙、裤的农人
（戴进《太平乐事》局部）

（图6-8）。帽子除了源于唐幞头的乌纱帽之外，还有吉名为"六合一统帽"的样式。

二、女子冠服与便服

自周代制定服装制度以来，贵族女子即有袆衣、鞠衣等用于隆重礼仪的服饰，因历代变化不大且过于烦琐，前述未作说明。到了明代，由于极力恢复汉族服制，扫除辽、金、元的影响，所以又重新制定了一套较为完备的规定。其中对皇后、皇妃、命妇的服饰要求非常严格。又因明代距今年代较近，资料比较丰富、准确，故将其作为女子服饰的一部分。

（一）冠服

皇后、皇妃、命妇，皆有冠服，一般为真红

图6-8　穿衫子、戴儒巾的士人
（选自《曾鲸肖像画》）

色大袖衫、深青色背子，加彩绣帔子、珠玉金凤冠、金绣花纹履。

凤冠的原形，至迟在中国汉代时出现。明代后妃的凤冠更加集中了汉文化的艺术形式，凤冠的形制相对宋代来说，尤为讲究。凤冠的具体形象，除了在南薰殿收藏的《历代帝后像》中，已有比较具体的描绘以外，尤为难得的是在京郊明代定陵（万历帝陵）中曾有凤冠实物出土（图6-9、图6-10）。

图6-9　凤冠霞帔的皇后像
（《孝慈高皇后、仁孝文皇后像》）

图6-10　凤冠
（明十三陵定陵出土）

帔子早在魏晋南北朝时即已出现，唐代帔子已美如彩霞。诗人白居易曾赞其曰："虹裳霞帔步摇冠。"宋时即为礼服，明代将其沿袭下来。帔子上绣彩云、海水、红日等纹饰，每条阔三寸三分，长七尺五寸。帔子和背子的具体花纹按品级区分如下表6-3所示：

表6-3 帔子和背子花纹分级表

品级	帔子图案	背子图案
一、二品	蹙金绣云霞翟纹	蹙金绣云霞翟纹
三、四品	金绣云霞孔雀纹	金绣云霞孔雀纹
五品	绣云霞鸳鸯纹	绣云霞鸳鸯纹
六、七品	绣云霞练鹊纹	绣云霞练鹊纹
八、九品	绣缠枝花纹	绣摘枝团花

（二）便服

命妇燕居与平民女子的服饰，主要有衫、袄、帔子、背子、比甲、裙子等，基本样式依唐宋旧制。普通妇女多以紫花粗布为衣，不许用金绣。袍衫只能用紫色、绿色、桃红等间色，不许用大红、鸦青与正黄色，以免混同于皇家服色（图6-11）。

其中比甲本为蒙古族服式，北方游牧民族女子多加以金绣，罩在衫袄外面。后传至中原，汉族女子也好穿用。明代中叶着比甲成风，样式主要似背子无袖，亦为对襟，比后代马甲长，一般齐裙（图6-12）。

明代女子单独穿裤者依然很少，下裳主要为裙，裙内加膝裤。裙子式样讲求八至十幅料，甚或更多。腰间细缯数十条褶，行动起来犹如水纹。后又时兴凤尾裙，以大小规矩的条子，每条上绣图案，另在两边镶金线，相连成裙。

明代女装里还有一种典型服装，即各色布拼接起来的"水田衣"。由于是有意识地将各种颜色花纹的布剪成不同形状，因而非常有艺术性（图6-13）。

图6-11 穿背子、衫、裙、披帔子的女子

（唐寅《孟蜀宫伎图》）

图6-12 穿比甲的妇女

（《燕寝怡情图》局部）

图6-13 着水田衣的女子

当年讲求以鲜花绕髻而饰。除鲜花绕髻之外，还有各种质料的头饰，如"金玉梅花""金绞丝顶笼簪""西番莲梢簪""犀玉大簪"等，多为富贵人家女子的头饰。年轻妇女喜戴头箍，尚窄，老年妇女也戴头箍，则尚宽，上面均绣有所装饰，富者镶金嵌玉，贫者则绣以彩线。头箍的样式可能是从宋代包头发展而来，初为综丝结网，后来发展为一条窄边，系扎在额眉之上，毛皮料的被称为"貂覆额"。围上后，上露各式发髻。另外，1996年浙江省义乌市青口乡白莲塘村出土的金鬏髻(发髻罩)、1993年安徽省歙县出土的金霞帔坠子，上有镂空透雕的凤凰祥云，都说明了明代女

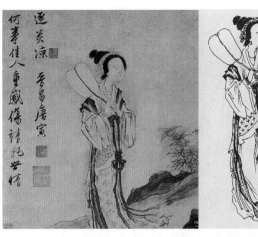

图6-14　穿襦裙、围裳、披帛的女子
（唐寅《秋风纨扇图》局部）

图6-15　穿襦裙、披帛的女子
（仇英《汉宫春晓图》局部）

子的头饰及其他佩饰整体造型美观，工艺精湛。关于明代女装与童装的参考资料，还可以翻阅明人小说插图与唐寅、仇英等明代画家的人物画（图6-14、图6-15）。

三、明代军戎服装

明代军戎服装，可以说是在唐、宋军戎服装的基础上，又吸收了一些辽、金、元等朝代的游牧民族的日常装和作战服元素，故而显出在更新时代的全新特色。

在古籍《明会典》和众多资料中记载的明代军戎服装，基本上以金属材质为主，如钢铁。典型种类有圆领甲、齐腰甲、长身甲、柳叶甲、鱼鳞甲、曳撒甲等。制造技术已相当先进，各部件重量、规格等也已经有严格要求了。

除了明代古籍上的文字记载较多之外，明代卷轴画、寺庙雕塑与壁画也有很多形象可供今人参考，特别是帝王陵墓等处的神道石雕，更可以提供真实的、保留比

图6-16　十三陵神道石雕武将像

图6-17　山西洪洞县琉璃天王像

图6-18　山西平遥双林寺韦驮像

较完整的可视形象。总体来看，明前期的盔甲保留前代风格明显，后期则出现许多新的造型与规制。

明前期军戎服装的整体形象。可参见北京十三陵神道两侧的武将石雕，形制与宋大致相同，如连袍肚、胸前束甲的丝绸结等，均与宋代武将石雕形象相差无几。有一种说法是，铠甲前胸正中的护心镜是从辽代军服上吸收而来（图6-16）。

明中期军戎服装的整体形象可参见山西浑源县粟疏美墓神道上的石雕。虽然大体上还同明初，但盔檐两侧的装饰还像卷云，不再是宋代的凤翅。粟疏美是清朝官员，可是其墓的石雕，特别是武将，完全保留了明中期的风格，这从太原崇善寺的彩塑天王像上可以找到印证（图6-17）。

明后期的铠甲逐渐演变得轻便简洁，只是头盔愈益坚固考究。据《明会典》记载，明代的盔有锁子护项头盔、抹金凤翅盔、六瓣明铁盔、八瓣黄铜明铁盔等18种。

明代军戎服装整体形象表现最完美的是山西平遥双林寺的明塑韦驮像。韦驮像的兽头盔最为精彩，盔下的帽衬也清晰可见。兽头盔出现始于唐，延至宋元，明代好像已不在实战中使用。韦驮像的铠甲也集唐、宋、明的形制于一身，同时又有出新，如甲片不再是薄平片，而变得有棱有角。腿裙上装了一个小链，勾吊住折起的部分（图6-18）。

总体来看明代军戎服装，与明代服装的特点相同，那就是集汉文化于一体，又吸收了许多少数民族和其他国家的文化风格，制度愈益完善，规格有所提升，而且等级鲜明、形式多样。

第二节　文艺复兴与服装更新

自公元14世纪初起，欧洲中世纪典范性的制度和理想已开始衰微。骑士制度、教皇统治的普遍权威等都开始衰落。哥特式大教堂的黄金时代也已经过去，经院哲学受到嘲笑和轻视，用宗教和道德来解释人生无疑已经逐步丧失了垄断地位。

在这种形势下，中世纪禁欲主义的基督教神学思想动摇了，取而代之的是对人本性和自然躯体的赞美。所谓文艺复兴，就是人们认为这是古希腊、古罗马艺术的复兴，借以向中世纪的神学挑战。对于"复兴"一词，史学界和美术界人士虽提出很多异议，但是已经相沿成为那一时代的代表名词，因此我们在服装史中加以沿用。

文艺复兴，无论其性质是不是对古典文化的复兴，都是继希腊、罗马之后欧洲文化艺术的又一高峰。

服装作为文化的一种表现形式，必然受到当时文化大背景的影响，只是它毕竟不同于绘画、雕塑等纯美术作品，而是更具有实用性与广泛的群众性，因此，文艺复兴期间的服装是以一种有异于前代服装，又区别于当时的美术风格和面貌出现的。

不管从人类文化，还是微观到服装的发展演变，公元15世纪和16世纪都是一个伟大而光辉的历史时期。尤其是对于西方人来说，那是一个充满幻想，刻意求新，并能随时实现个人愿望的时代。服装，空前地受到人们的关注，而且着装者也大有将个人理想在服装上变为现实的气魄。于是，服装款式屡屡更易，色彩、面料极度考究，纹饰图案和立体装饰极尽奢华与富丽，这就形成文艺复兴时期的服装特色。值得今人研究服装史时注意的是，人文主义的旗帜使着装者摆脱了教会经学的桎梏和掩盖形体美的服装模式，可以在服装设计中充分展示人本来的自然美。这种反宗教的设计思想，应该说起始是积极的，有利于服装的正常发展和人性的自然显露。但是，当奢华和时髦的趋势愈演愈烈，直至无法收拾的地步时，服装反而又禁锢了形体。如紧身束腰的金属衣，它最初出现或许是为了强调人的形体美，用以反对宗教禁欲，殊不知过分强调人的形体美，以致用人力去改变形体时，已经又从另一端束缚了人的本性和本体。

第三节　文艺复兴早期服装

由于这一时期西方几个处于文艺复兴运动漩涡中的国家发展不尽平衡，因而其在服装上的表现也不完全一样。

一、意大利服装

意大利，是文艺复兴的发祥地，很多文艺复兴时期的艺术巨匠都诞生或活动在这里。

意大利服装的辉煌成就需要从服装面料说起。当年的卢卡、威尼斯、热那亚和佛罗伦萨等地，有着先进的纺织生产技术，因而可以保证有大批量色泽艳丽的上等服装面料——天鹅绒和锦缎，以供应服装的需求。

宽松系带外衣一度时兴，这是一种长及小腿肚的式样，早期袖口肥大，袖筒像个袋子，衣领略低。到15世纪中叶以后，衣身和衣袖不再像以前那么宽松和肥大。不仅衣身缩短，袖子也有缩短的趋势。后来又几经改进，就几乎找不到原有宽松系带长衣的外形了（图6-19、图6-20）。

意大利妇女服饰不仅讲究豪华，而且讲究高雅。一种大而圆的头罩使其与宽松长衣一起取得和谐的效果。贵妇们很重视服装的装饰，一件件深颜色的长外衣上，镶缀着数不清的金银饰物。如领口下方有双排镶金的彩饰圆扣，而且还嵌在一片片金牌上，点缀着考究的领口。腰间也是闪耀着光泽的金色系带，全身服装熠熠生辉。

与此同时，贵族妇女出门时总要戴上透明的面纱。轻柔细薄的面纱，周边再镶缀上颗颗珍珠，精致至极。除了面纱上的珍珠，衣着奢华的贵妇几乎无处不装饰着珠宝（图6-21、图6-22）。

图6-19　文艺复兴时期着红衣、戴假发的意大利女子

图6-20　拉菲尔作于1516年的《披纱巾的少女》

图6-21　提香画作中体现的意大利女服

图6-22　作于1544年的《托莱多母子》上显示的意大利女服

二、法国服装

在法国，宽松系带长衣流行了将近50年。其变化是双肩部位更加宽大，内装填充物，双肩至腰部是呈斜向的皱裙（图6-23）。不难看出，虽然法国男装的演变与欧洲其他国家有相近的地方，但是它仍然有自己的一些特点。例如，紧身上衣的变化就与意大利不同。意大利的紧身上衣在与裤子连成一个整体外形以后，袖子依然是紧瘦

的，而在法国，衣袖却从腰部开始就已形成，然后逐渐收缩，直至紧贴在手腕上。

这一时期法国女服中最引人注目的是头饰。不论其设计样式还是轮廓大小，都给人以新奇独特的印象，可以说达到了离奇古怪的程度（图6-24）。最普通的头饰可能要数发网。发网的质料和装饰不同，借以区分出着装者的身份和富有程度。贵妇头冠样式奇特而且多种多样，同一时期除了以上几种头饰以外，还有将头冠做得方方正正，以相当于四个头部大小的立方体放在头顶上。有的则是在卵形装饰上，由镶嵌宝石、珍珠的发网所覆盖，上面还有一条条鼓起的布卷伸向前额，布卷端头下落呈弯曲状，右侧还附上一条长围巾。再有的是以一圆锥形的头冠直竖在头上，其高度相当于两个头长，然后再在尖顶上罩一层纱巾。纱巾可以很长，直披到下肢部位，穿着时用一只胳膊揽过来；也可以很短，将一小块纱巾折成蝴蝶状插到头冠的顶端。这种圆锥形头冠曾一度被大围巾完全罩住，围巾质料用天鹅绒、锦缎、纱罗或是金丝布。

图6-23　法国使臣衣服，外衣内显然有填充物图

图6-24　法国女贵族的羊角头饰

三、勃艮第公国与佛兰德公国服装

勃艮第人和佛兰德人由于交往频繁，所以服装风格十分接近，而和法国人的服装相比区别较大。

对于文艺复兴时期的服装，有一种这样的说法：15世纪西方各国宫廷中最为奢侈豪华的服装，当属勃艮第大公的了。他们不仅拥有巨大的财富，而且又酷爱并追求服装的华丽壮观，极力显示自己的权威、尊严和阔绰。

据说，勃艮第大公鲍尔德·菲利普对服装有着奇特的痴爱，他的服装设计式样经常成为当时欧洲服装的榜样。在欢迎兰卡斯特大公的盛大宴会上，他身着两套迎宾礼服，一套是黑色的宽松系带长衣，拖至脚面，其左衣袖饰有22朵金质玫瑰花，以红蓝宝石和珍珠镶嵌于花朵之间。另一套服装为鲜红的短式天鹅绒上衣，衣服外表有刺绣的北极熊图案，金色衣领上布满了光彩照人的晶莹宝石，雍容华贵至极。在今天能够看到的当时勃艮第大公的服装实物中，有一顶高筒王冠。金黄的天鹅绒为王冠的主体，上面镶有金色花冠，嵌着几枚特大的珍珠和各色宝石，还有6条用小珍珠连成的饰带，以棒状扣针钉牢，而这枚扣针上也同样镶满了宝石和珍珠。最后，王冠上又装点一片红、白两色的鸵鸟羽毛。

　　勃艮第人的尖头鞋是以其惊人的鞋尖长度而闻名于世的。它源于14世纪末那种尖头鞋，但是更尖长一些，至15世纪70年代时，尖头鞋的鞋尖长达到了令人惊讶的程度。收藏于维多利亚和阿尔勃特博物馆内的一只15世纪尖头鞋，从鞋后跟到鞋尖长达38.1厘米。这种尖头鞋皮质柔软，容易弯曲，因此给穿着者走路带来了一定的困难，以致每向前迈出一步，就不得不做出向前轻轻一踢的动作，使鞋尖展开，以防因脚踏在鞋尖上而绊倒（图6-25）。如果碰上雨天泥泞，道路凹凸不平，这种笨拙的鞋尖就更容易被折损而变形了。于是，人们又制作了一种木底的尖头鞋，并配上金属和系鞋的宽带。比14世纪尖头鞋又加长不少的鞋子，紧紧贴在长筒袜上，上衣有意加宽的肩部和有意收紧的腰围，头上再戴一顶高高的塔糖帽，并插上两根鸟羽，这就是勃艮第公国最时髦的男性装束了。

图6-25　配有腿甲的尖头鞋在行走中姿态

　　由于勃艮第几任大公酷爱服装和大肆挥霍，还曾导致一种新式服装的出现，这在中西服装史上也可谓一段别有情趣的故事。公元1477年，勃艮第大军在南希对瑞士军队发动进攻，其结果以勃艮第人全军覆灭而告终。勃艮第最后一位大公不幸阵亡。大公在历次征战中有一个习惯，就是在帐篷里堆满了华美精致的挂毯和彩色纺织品，而且还要有各式华丽的服装和金银珠宝佩饰等。所以，这次战争失利以后，久经战乱的瑞士官兵不禁为取得胜利而欣喜若狂。他们把获得的纺织品和服装撕成一块一块的碎布头，然后用它充塞自身破烂不堪的战服上的孔洞。最后，瑞士官兵就是穿着这样光怪陆离的服装返回家园的。而瑞士国内的人们对凯旋的英雄官兵无比钦佩和羡慕，以致模仿军人奇怪的服装。把自己的衣服故意撕成裂缝，再塞进多种颜色的碎布，使周身布满皱褶，颜色混杂的服装一度成为当时最时髦的装束（图6-26、图6-27）。

　　这种服装从瑞士向全欧洲流行开来，致使男女都盛行穿戴有切口的衣服和鞋帽。具体做法就是把外面一层衣服切割，即剪成一条条有秩序排列的口子。有的平行切割，有的切成各种图案。人们穿着时，由于处在不同部位的切口连续不断地裂开，所以不规则地露出内衣或是这件衣服的里衬。这样，就使得两种或多种不同质地、光泽和色彩的面料交相辉映，互为映衬，并且忽隐忽现，因此产生出前所未有的装饰效果（图6-28）。

　　与意大利等国的女服相比，勃艮第和佛兰德女服在款式上没有太大的差异，只

图6-26　军服中的切口装之一

图6-27　军服中的切口装之二

图6-28　文艺复兴时期满是
切口的男子服装

是腰带系的位置偏高，而且腰带上往往饰有几块金质镶片。有时妇女的腰带交叉于身后一侧，较长的一个端头几乎垂落于地面。腰带通常是五颜六色的，根据衣服的主调加以选择。不过从众多画像来看，似乎红色更受人们的喜爱。还有的腰带上镶满了珠宝，而着装者身穿金色的服装。

四、德国服装

德国人在这一时期的着装，与法国人大体相像，但是佩剑是德国人的独特习惯。短剑的剑刃并不锋利，仅仅作为装饰佩带。有人同时将几支短剑排列在一起佩戴在身上。这些短剑往往被佩成扇贝形或者叶片形，而且还要系上饰带。最讲究的是饰带颜色应该和系带长衣的里衬颜色一样。

德国男人不仅喜欢佩剑，而且还十分热衷于佩戴铜铃。宽大的镶金衣领通常要系上直径为7.62厘米的3个铜铃。腰间饰带上要吊上几个铜铃，甚至在带袖紧身衣的底摆边缘上也要吊上两排铜铃。德国画家丢勒的自画像比较真实地描绘出当年德国男子的服饰形象（图6-29）。

勃艮第服装风格影响到德国以后，德国人继承了勃艮第人的尖头鞋，并且将切口服装发展到令人难以想象的地步。

德国女性的服装有自己的特点，如腰间不系带，任其宽大的裙身和臂肘以下放宽的衣袖垂落在地上。

图6-29　德国画家丢勒的自画像，
作于1498年

同时，还在领型上做了大的改进，以前的领型无论是鸡心形还是方形，都主要是围绕着前胸设计的，但德国女子却将前襟领口做成圆形，位置很低，而将鸡心式领型用在了后背，这种前后都向下延伸的领型促发了后代女子晚礼服样式的兴起。

五、英国服装

英国人受欧洲大陆服装风格的影响并不像德国人那样明显，他们服装的趋新在相当程度上是受到各国宫廷联姻的影响而促成的。尽管这样，英国服装还是在很长的时间里稳定地保持着自己的风格。他们对于衣袖宽窄、衣身长短以及领型变化等都比较慎重。

英国妇女将较大程度的着装热情倾注于头饰之上，心形、洞穴式等造型应有尽有。其中最有特色的是用自己的头发在两鬓上方各缠成一个发髻，然后分别用发网罩住，再用一条美丽的缎带系牢。于是，有人曾恰当地称其为鬓发球。发球有大有小，最初是根据自己头发的多少而定，后来有了罩在发球上的金属网，发球大小就可以随意而为了。

图6-30　文艺复兴时期西班牙流行的女装

六、西班牙服装

西班牙服装对西方构成影响，是文艺复兴盛期的事了。但是，这绝不仅仅是因为西班牙发现新大陆后陡富而引发的地位升高。实际上，西班牙从15世纪时起，就已经有了足以对外构成影响的服装发展实力（图6-30）。

现收藏在西班牙东北港口城市巴塞罗那艺术博物馆中的一幅画，是由画家彼德罗·加尔什·波纳巴利绘制的，画面表现了撑箍裙的最高形状。这些圆箍由上到下逐渐增大，共有6只圆形撑箍，牢牢附在锦缎长衣的裙装部位。这种撑箍裙的确起源于西班牙，开始时是用木质或藤条一类易弯曲带弹性的材料做成。它们最初附在裙衣外面，16世纪时转为附在裙衣里面（图6-31）。

图6-31　细腰丰臀的西班牙女服

第四节　文艺复兴盛期服装

当文艺复兴发展到鼎盛时期，服装也步入频频更新的阶段。来自四面八方的各种影响交织到一起，加之残酷掠夺与正常贸易使欧洲迅速富裕起来，而人们又不必再将最美好的衣物收藏起来或送到教堂。摆脱了宗教思想的束缚，西方人开始不遗余力地将金钱花在服装上，这个时候，西方各国服装有了很明显的趋同性。

一、男子服装

文艺复兴盛期的男子服装，在更新上做出的努力足以使人眼花缭乱，但是如果从中找出一些代表性的服装，可以将切口式、皱褶式、填充式服装和下肢装束作为重点。

（一）切口式服装

切口式服装最为流行的年代，大约在公元1520～1535年。这时，切口的形式变化很多。有的切口很长，如上衣袖子和裤子上的切口可以从上至下切成一条条的形状，从而使肥大、鲜艳的内衣或外衣里衬从切口处显露出来。有的切口很小，但是密密麻麻地排列着，或斜排，或交错，组成有规律的立体图案（图6-26、图6-28）。贵族们可以在切口的两端再镶缀上珠宝，更显得奢华无比（图6-32）。一般说来，在手套和鞋子上的切口都比较小，而帽子上的切口可以很大，使帽子犹如怒放的花朵一样，一瓣一瓣地绽开着。

图6-32　穿切口装、镶宝石的亨利八世像

（二）皱褶式服装

领型的皱褶形成环状，围在脖子上，是这一时期的流行装束。男女衣服上的领子都讲究以白色或染成黄、绿、蓝等浅色的细亚麻布或细棉布裁制并上浆，干后用圆锥形熨斗整烫成形。这些皱褶领，曾在欧洲各地普遍采用，有时为了保证大而宽的皱褶领固定不变形，还要用细金属丝放置在领圈中做支架。制成这样的皱褶领相当费料，而且着装者吃饭时还要使用特制的长柄勺子（图6-33~图6-36）。

不仅领型使用皱褶形式，服装上也非常时兴皱褶。亨利八世就曾经穿着银线和丝线合织的服装，上面布满了凸起的皱褶，金黄与银白两色交相辉映。美国大都会博物馆内还收藏着这一时期的军用衣裙，这种珍贵的实物向今人显示了衣裙的质地和特殊的结构。衣裙上的一些管状皱褶，从上到下逐渐变粗变宽，皱褶内都有均匀

图6-33　男服皱褶领与
　　　　羽毛头饰

图6-34　女服皱褶领与
　　　　羽毛头饰

图6-35　画像上体现的
　　　　皱褶领

图6-36　着皱褶领的贵族家庭

的填充物。它可以使每个皱褶的外轮廓显得固定而凸起，同时保持外形不变。

有人说皱褶衣领起源于意大利，但是没有足够的证据。至于皱褶里填充其他材料的服装风格，更无从寻找源头。

（三）填充式服装

或许是瑞士官兵即兴制作切口式服装之后引起了广大西方人的兴趣，抑或是骑士装内衬的延续，再者西方人有将服装做得挺括、板直、见棱见角、立体感很强的传统，所以很难确定填充式服装是从哪一个国家率先穿起的。但可以肯定的是，16世纪后半叶，在紧身衣逐渐膨胀的基础上，各种以填充物使其局部凸起的服装时髦款式愈益走向高峰。

双肩处饰有凸起的布卷和衣翼，这种显得身材格外魁梧的款式并未满足欧洲人在着装上的"扩张"心理。于是，他们又在下装上做文章。有一种在长筒袜上端突然向外膨胀的款式，吸引了大批赶时髦的贵族青年。人们将这种服装称为"南瓜裤"，因为从形状和大小来看，确实近似南瓜。为了保持外形不变，必须往衣服里面放大量的填充物，如鬃毛或亚麻碎屑等。南瓜裤的外表通常绣上直条花纹，缀上刺绣布块，或是以刺绣手法使其有透孔装饰，这些无疑又为浑圆的南瓜裤增添了玲珑与秀美（图6-37、图6-38）。

法国国王查理斯九世的胞弟佛朗希斯大公，是这一时期追逐时髦装束的风云人物。他的一般装束是：光滑平整的紧身上衣，内有少量的填充物，前胸为豆荚形

图6-37　着南瓜裤的男子

图6-38　弗朗西斯一世和群臣的南瓜裤服饰形象

状，腰部以下饰有一周垂片；皱褶领很高，边缘上还饰有一圈彩带花边；南瓜裤表面装饰着刺绣布块，两腿很细，由上至下略成尖状；与脚上的鞋子相比，帽上有飘带、肩上着有山猫皮衬里的披肩和宝石链更为奇特。

德国人也喜欢填充式服装，但是他们喜欢裤身宽松的步兵裤，而不喜欢球状的南瓜裤。每一裤管上有4个透气孔眼，在此之前曾有过16～18个孔眼的裤形。裤管内的填充物不再是鬃毛或亚麻碎屑，取而代之的是大量的丝线。

到了16世纪末，南瓜裤的外形已由凸起的弧线形变成为整齐规律的斜线外形。有的在裤管下端加添一些填充物，使其定型。再以后，上衣衣袖边也添加填充物使其固定成某种造型。

（四）下肢装束

男服下装的长筒袜在文艺复兴盛期几经变化，但万变不离其宗，它始终紧紧地贴在腿上。特别是当膝盖部位起至腰间以填充物使其膨胀时，膝盖下也还是紧贴腿部的。

二、女子服装

可以这样说，文艺复兴盛期的女子服装中最有特色的就是广泛流行的撑箍裙。它经由西班牙首先传至英国，从此名声大振，一直延续了近4个世纪（图6-39、图6-40）。

在女服的发展中，撑箍裙的外形被一再改进。据说法国亨利四世的妻子玛格丽特想用膨大的撑箍裙来掩饰她那不太丰满的臀部，于是将西班牙的锥形（即上小下大）撑箍裙在腰部添上轮形撑箍架，改为从腹臀部就膨胀起来的撑箍裙。当时妇女们欣赏玛格丽特的改进，为了使裙子可以从腰以下就向外展开，便在腰围下系上了这种车轮辐条状的撑箍。这样一来，"轮状撑箍裙"就使得女性臀围出奇地丰满，当然也就显得腰肢更加纤细了（图6-41、图6-42）。

尽管这样，女性们仍然认为腰肢还没有纤细到令人满意的程度。在这种情况下，

图6-39　着羊腿袖、紧身衣、撑箍裙的贵族女性

图6-40　作于19世纪的裙撑漫画系列之一
（据说一条裙子往往需用1000米长的花边和纱绢网）

图6-41　装饰华美的
女子形象

图6-42　穿紧身衣、
撑箍裙的王后服装

图6-43　穿着紧身束腰衣裙的漫画
（作于19世纪）

图6-44　文艺复兴时期尼德兰新婚
男女盛装
（女裙夸张腹部，是预祝生育）

各式紧身衣出现了。不过这时的紧身衣，已不再沿用早年曾经出现过的布质或皮质。据说在16世纪的某一时期，一位聪明的铁匠，发明了像笼子一样的铁丝紧胸衣，它的宽窄与松紧，是由铁链和插销加以调整，最后使其适合人的身材。不过，这种紧身衣的里面大多是要穿上丝绸衣的（图6-43）。

除了细腰丰臀以外，文艺复兴盛期的女士们还曾无限大地夸张袖子的立体感。以填充物使袖子呈羊腿形、灯笼形、葫芦形等。那些上粗下细、上细下宽、中间鼓起或是多层鼓起的袖子，无疑更加强了整体服饰形象的立体感。还有的袖子，是在衣袖上端向外侧膨胀鼓起，中间偏上部位镶着金边佩带。佩带绕袖一周，将袖子分为上下两部分。再有是整个衣袖用轻薄的布料制作，上面布满了皱褶，并饰有许多珍珠宝石（图6-44）。

英国女王伊丽莎白的服装具有典型的文艺复兴盛期风格。如外袖从肩上垂下，平展合身；肘部以下的袖子又宽又长。袖子下部向上卷着，卷起的袖边高高地固定在上臂不显眼的地方。这样，外袖衬里等于暴露在外，因而外袖衬里的精美花纹和衬装上颇具技巧的匠心工艺都可以展示出来。袖子衬里往往异常宽大，并且镶缀着豪华的钻石。这些钻石与白色丝织品和金丝锦缎制成的衬裙交相辉映，再加上腰间的垂饰、镶有宝石的领口和缀满珠宝的帽边，使得女王着装像是珍奇的服装展览。

这时期女服佩饰中，足服和手套、手帕等也是精心设计，并得到了长足的进展。高跟鞋已经出现。当然最确切的说法不如称它为厚底鞋。因为它不只加高跟部，其鞋底的大面积都做了加高（图6-45、图6-46）。

还有那些装饰着珍珠的捻线腰带、麦秆编的旗形扇、象牙柄的绢扇、雕花木柄的羽毛扇、宝石镶柄的鸵鸟毛羽扇、羔皮或纸制的折扇以及用天鹅绒和皮革制成的有刺绣和珍珠装饰的女用提包等，共同构成了文艺复兴盛期的女性着装形象（图6-47、图6-48）。绚丽和奢华，是对当时服装总体风格的概括。总之，服装更新时代是令人振奋的，是服装史上辉煌璀璨的一页。

图6-45　公元16世纪意大利
威尼斯高底鞋

图6-46　公元16世纪威尼斯
底高55厘米的女鞋

图6-47　约公元15世纪爱尔兰
圣铃圣物箱

图6-48　圣物箱局部，质材
为青铜、银、水晶石

延展阅读：服装文化故事

1. 颂扬善良的《锁麟囊》

《锁麟囊》是京剧经典，讲述了富家小姐在新婚轿中见同时避雨的穷困人家女儿在小轿中哭泣，便慷慨地将自己母亲给的价值万千、盛满珠宝的锁麟囊赠给穷家女。六年后，富家遭洪水，无意间先后逃至已成殷实人家的穷家后，发现当年的穷人家专门盖楼供奉着锁麟囊，而且正在舍粥救济灾民。富家小姐全家受到救助。情景感人，教诲人们要乐于助人。

2. 时迁盗甲天下传

明代《水浒传》中有一个故事，说是徐宁先祖留下一件宝贝，即雁翎砌就圈金甲。穿上此甲又轻又稳，刀箭不可透。宋江派时迁在其卧房梁上盗得宝贝，从而请来徐宁教兵学、使钩镰枪法，取得大胜。可见古来铠甲有多种，显示出中国人的聪慧与灵巧。

3. 钻戒的象征

现代人结婚时，总爱以互赠钻戒作为仪式的一个内容。据说它源于1477年，奥地利大公马克西米连向法国勃艮第的玛丽公主求婚，遭到拒绝。后经老师指点，打制了一枚精致的金戒指并镶上一颗特大的钻石，果然如愿以偿。至今，人们仍然认为钻石清澈、珍贵，且又坚固，能够象征爱情的纯净与持久。

课后练习题

1. 补子在中国服装中有什么意义？
2. 撑箍裙在西方服装中占据什么位置？
3. 文艺复兴对西方服装的影响有哪些？

第七讲　服装风格化时代

风格之于人，之于艺术，之于地区和时代，几乎无所不在。风格化显示出的是一种主流，一种定势，一种基调和普遍性。

在公元17世纪和18世纪，西方艺术各门类都是以风格来概括的。风格体现出人类文化的自觉性愈益加强的趋势，而且其自觉的行为已经呈现出成熟的态势，这是与人类文化的进程紧密相连的。

西方巴洛克风格就是人在特定历史时期有意创造的，我们可以从形式上将其看作是文艺复兴的支流与变形，但其出发点又与人文主义截然不同。它是由罗马教廷中的耶稣教会发起的，其目的是要在教堂中制造神秘、崇高又华美的氛围。虽然巴洛克风格的建立顺应了历史的发展，但是就其艺术性来讲，仍然犹如成年人在按照主观意志去绘一幅图画。所以，17世纪盛行的巴洛克风格和18世纪盛行的洛可可风格，尽管也是源起于建筑，但是不同于哥特式风格形成初期懵懂的探索。

随着资产阶级力量的日益强大，继洛可可风格之后，在欧洲特别是法国，先后出现了新古典主义风格、浪漫主义风格等服饰风格，这些风格鲜明的服饰，源于一场又一场的革命，源于经济实力的腾飞，源于思想意识的革新，源于积淀与创造着的文化……

与这一时期西方丰富多样的服装风格不同，中国自公元1644年进入清王朝统治时期，直至1911年结束，清代服装被赋予的内涵就是稳定统一，并且这种风格的确定不是基于汉族服装，而是满族入关后强制推行的游牧民族服饰。尽管其服饰风格在长期融合中表现出一种杂糅性，但这仍是中国服装演变中变化较大的一个时期，即满族服饰风格时期。

从服装风格的角度分析，无论是欧洲的巴洛克风格、洛可可风格，还是同一时期东亚大陆上清代服饰的一统性与杂糅性，特别是清王朝与欧洲洛可可艺术互为影响的史实，都可将其看作是中西服装史中的过渡阶段。经过了这一阶段，才迎来服装的完善化时代。

第一节　中国清代服装

一、男子官服与民服

清代官服在服装制度上坚守其本民族旧制，不愿意轻易改变原有服式。清太宗皇太极曾说："若废骑射，宽衣大袖，待他人割肉而后食，与尚左手之人何以异耻！朕发此言，实为子孙万世之计也。在朕身岂有变更之理，恐后世子孙忘旧制，废骑射以效汉人俗，故常切此虑耳。"由于满汉长期混居，服装样式自然互为影响。到了乾隆年间，有人又提出改服式为汉服，乾隆在翔凤楼集诸王及属下训诫曰："朕每攻读圣谟，不胜饮懔感慕……我朝满州先正之遗风，自当永远遵循……"后又谕以"衣冠必不可以轻易改易"。由于满族统治者执意不改其服，并以强制手段推行满服于全国，致使近三百年中男子服装基本以满服为模式。

清代男子官服以袍、褂、袄、衫、裤为主，一律改宽衣大袖为窄袖筒身（图7-1、图7-2）。衣襟以纽襻固定，取代汉族惯用的绸带。领口变化较多，但无领子，再另加领衣。在完全满化的服装上沿用了明代的补子，只是由于满装对襟，所以前襟补子为两块对开。补子图案与明代补子略有差异。

游牧民族骑马较多，因此在袍、袄中多开衩，后有规定皇族服式用四衩，平民不开衩。其中开衩大袍，也叫"箭衣"，袖口有突出于外的"箭袖"，因形似马蹄，被俗称为"马蹄袖"。其形源于北方恶劣天气中避寒而用，既不影响狩猎射箭，不太冷时还可卷上，便于行动。进关后，行礼前必须将袖口放下，行礼后再卷起。清代官服中，龙袍只限于皇帝，一般官员以蟒袍为贵，蟒袍又谓"花衣"，为官员及其命妇套在外褂之内的专用服装，并以蟒数及蟒之爪数来区分等级。

民间习惯将五爪龙形称为龙，四爪龙形称为蟒，实际上二者大体形同，只在头部、鬣尾、火焰等处略有差异。袍服的差别除蟒数以外，还有颜色禁例，如皇太子用杏黄色，皇子用金黄色，而下属各王及官员不经赏

图7-1　穿箭衣、补服，佩披领，挂朝珠，戴暖帽，蹬朝靴的官吏
（清人《关天培写真像》）

图7-2　官员服饰形象

赐是绝不能服黄色的。袍服中还有一种"缺襟袍",前襟下摆分开,右边裁下一块,比左边略短一尺,便于乘骑,因而谓之"行装",不乘骑时将裁下的前裾与衣服之间以纽襻扣上。

补服,形如袍,长度略短,对襟,袖端平,是清代官服中最重要的一种,穿用场合很多。

按察使、督御使等依然沿用獬豸补子,其他诸官有彩云捧日、葵花、黄鹂等图案的补子。

行褂是指一种长不过腰、袖仅掩肘的短衣,俗称"马褂"。行褂所缀的纽襻也有一定规制,如跟随皇帝巡幸的侍卫和行围校射时的猎获胜利者,缀黑色纽襻;在治国或战事中建有功勋的人,缀黄色纽襻。缀黄色纽襻的称为"武功褂子",其受赐之人名可载入史册。礼服用元色(即黑色)、天青,其他用深红、酱紫、深蓝、绿、灰等,黄色非特赏所赐者不准服用。马褂用料,夏为绸缎,冬为皮毛。乾隆年间,达官贵人显阔,还曾时兴过一阵反穿马褂,以炫耀其高级裘皮。

马甲为无袖短衣,也称"背心"或"坎肩",男女均服,清初时多穿于内,晚清时讲究穿在外面。其中一种为多纽襻的背心,类似古代裲裆,满人称为"巴图鲁坎肩",意为勇士服,后俗称"一字襟",官员也可将其作为礼服穿用(图7-3、图7-4)。

由于清代服式一般没有领子,所以穿礼服时需加一硬领,称为领衣。因其形似牛舌,而俗称"牛舌头",中间开衩,用纽襻系上(图7-5)。面料上夏季用纱,冬季用毛皮或绒,春秋两季用湖色缎。

披领加于颈项而披之于肩背,形似菱角。上面多绣以纹彩,用于官员朝服(图7-6)。冬天用紫貂或石青色面料,边缘镶海龙绣饰。夏天用石青色面料,加片金缘边。

图7-3 一字襟马甲

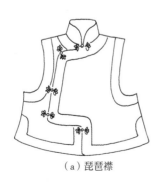

(a)琵琶襟

(b)大襟

(c)一字襟

图7-4 马甲示意图

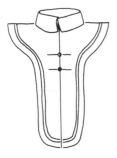

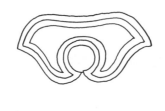

图7-5　领衣示意图　　　　　　图7-6　披领示意图

图7-7　暖帽与凉帽
（传世实物）

裤子为清代男子常服，中原一带男子穿宽裤腰长裤，系腿带。西北地区因天气寒冷而外加套裤，江浙地区则有宽大的长裤和于膝下收口的柔软的灯笼裤。

清代首服中，夏有凉帽，冬有暖帽（图7-7）。职官首服上必装冠顶，其料以红宝石、蓝宝石、珊瑚、青金石、水晶、素金、素银等区分等级。官员燕居及士庶男子则多戴瓜皮帽，帽上用"结子"装饰，以红色丝绳为主，丧仪用黑或白色丝绳，及至清末，则以珊瑚、水晶、料珠等取而代之。帽缘正中，另缀一块四方形帽准作为装饰，其质多用玉，富贵者有以翡翠珠宝饰之炫耀，类似明代的六合一统帽。

朝珠是高级官员区分等级的一种标志，进而形成高贵的装饰品。文官五品、武官四品以上均佩朝珠，采用琥珀、蜜蜡、象牙、奇楠等料制作，共计108颗。旁随小珠三串，佩挂时一边为一串，另一边为两串，男子两串小珠在左，命妇两串小珠在右，另外还有稍大珠饰垂于后背，谓之"背云"，官员一串，命妇朝服三串，吉服一串。贯穿朝珠的条线，皇帝用明黄色，余下官员则为金黄色或石青色条线。

当年富者腰带上嵌各种宝石，有带钩和环，环左右各两个，用以系帨、刀、觿、荷包等。带钩上以玉、翠等镶在金、银、铜质之内为饰。

足服则公服着靴，便服着鞋，有云头、双梁、扁头等式样。另有一种快靴，底厚筒短，便于出门时跋山涉水。

清代男子服装分阶层观察，主要服式如下：

官员：头戴暖帽或凉帽，饰花翎、朝珠，身穿褂、补服、长裤，脚着靴。

士庶：头戴瓜皮帽，身着长袍、马褂，掩腰长裤，腰束带，挂钱袋、扇套、小刀、香荷包、眼镜盒等，脚着白布袜、黑布鞋（图7-8）。

体力劳动者：头戴毡帽或斗笠，着短衣、长裤，扎裤脚，罩马甲，或加套裤，下着蓬草鞋。这种服式延续至20世纪中叶。

二、趋于融合的满汉女子服装

清初，在"男从女不从"的约定之下，满汉两族女子基本保持着各自的服饰形制（图7-9）。

满族女子服饰中有相当部分与男服相同，在乾隆、嘉庆以后，满族女服开始效仿汉服，虽然屡遭禁止，但其融合的趋势却愈加明显。

清初汉族女子的服饰基本与明代末年相同，后来在与满族女子的长期接触中不断演变，终于形成清代女子服饰特色。皇族命妇朝服与男子朝服基本相同，唯霞帔为女子专用（图7-10）。明时狭如巾带的霞帔

图7-8 穿双梁鞋、大襟长袍的男子
（任伯年《玩鸟图》）

至清时已阔如背心，中间绣禽纹以区分等级，下垂流苏。类似的凤冠霞帔在平民女子结婚时也可穿戴一次。旗女平时着袍、衫，初期宽大后窄如直筒（图7-11）。在袍衫之外加着马甲，一般与腰际平，亦有长与衫齐者，有时也着马褂，但不用马蹄袖。上衣多无领，穿时加小围巾，后来领口式样渐多。

汉女平时穿袄裙、披风等。上衣由内到外为：兜肚、贴身小袄、大袄、坎肩、披风（图7-12）。兜肚也称兜兜，以链悬于项间，只有前片而无后片。贴身小袄可用绸缎或软布为之，颜色多鲜艳，如粉红、桃红、水红、葱绿等。大袄分季节有单、夹、皮、棉之分，式样多为右衽大襟，长至膝下，衣长约二尺八寸。袖口初期

图7-9 满族贵族妇女服饰形象

图7-10 霞帔示意图

图7-11 梳达拉翅、穿旗袍、系围巾的满族女子
（传世照片）

图7-12　内着衫、裙、外罩披风的
汉族女子
（清·胡锡《梅花仕女图》局部）

图7-13　穿镶边长袄、裤或裙的女子
（手工上色，拍摄于1900年左右）

尚小，后期逐渐放大，至光绪末年，又复短小，露出里面的袖子。领子时高时低。
外罩坎肩多为春寒秋凉时穿用。时兴长坎肩时，可过袄而长及膝下。披风为外出之
衣，式样多为对襟大袖或无袖，长不及地，高级披风上绣五彩夹金线并缀各式珠
宝，矮领，外加围巾。习惯上吉服以天青为面，素服以元青为面。

　　下裳以长裙为主，多系在长衣之内（图7-13、图7-14）。裙式多变，如清初时
兴"月华裙"，在一裥之内，五色俱备，好似月色映现光晕；有"弹墨裙"，以暗色
面料衬托绣绘纹样；有"凤尾裙"，在缎带上绣花，两边镶金线，然后以线将各带
拼合相连，宛如凤尾。

　　云肩是当时普遍佩用的装饰，形似如意，披在肩上。清初妇女在行礼或新婚时
作为装饰，至光绪末年，由于江南妇女低髻垂肩，恐油污衣服，遂为广大妇女所应
用（图7-15、图7-16）。

图7-14　穿镶边长袄、裤或裙的女子
（杨柳青年画中形象）

图7-15　佩云肩的贵妇
（唐吴道子《送子天王图》局部）

图7-16 佩云肩的女子
（明仇英《六十仕女图》局部）

图7-17 镶滚宽边大袄示意图

图7-18 镶宽边大袄

镶滚彩绣是清代女子衣服装饰的一大特色。通常是在领、袖、前襟、下摆、开衩口、裤管等边缘处施绣镶滚花边，一般是在最靠边处留阔边，镶一道宽边，紧跟两道窄边，以绣、绘、补花、镂花、缝带、镶珠玉等手法为饰。早期为三镶五滚，后来越发繁阔，发展为十八镶滚，以致连衣服本料都显见不多了（图7-17、图7-18）。

除以上所述服装样式外，还有手笼、膝裤、手套、腰子等，多以皮毛作边缘。大襟处佩耳挖勺、牙剔、小毛镊子和成串鲜花或手绢，并以耳环、臂镯、项圈、宝串、指环等作为装饰（图7-19）。

清代女子发型讲究与服式相配。清初满女与汉女各自保留本族形制，满女梳两把头，满族人称"达拉翅"；汉女留牡丹头、荷花头等。中期，汉女仿满宫女，以高髻为尚，如叉子头与燕尾头等。清末又以圆髻梳于后，并讲究光洁。未婚女子梳长辫或双丫髻、二螺髻。至光绪庚子以后，原先作为幼女头式的刘海儿已不分年龄大小了，而且头发上喜戴鲜花或翠鸟羽毛。红绒绢花为冬季尤其是农历新年时的饰品，各种鲜花则是春夏秋季的天然装饰品。北方成年妇女常在髻上插银簪，南方成年妇女喜欢横插一把精致的木梳。平时不戴帽。北方天寒时，着貂毛翻露于外的"昭君套"。南方一带则大多戴兜勒，或称脑箍，在黑绒上缀珠翠绣花，以带子结于脑后（图7-20、图7-21）。

图7-19 端午节的
老虎搭拉

图7-20 清代女子发髻花饰（一）
（杨柳青年画中形象）

图7-21 清代女子发髻花饰（二）
（杨柳青年画中形象）

图7-22　天津杨柳青年画中的婴孩形象

图7-23　清代儿童服装与发式
（杨柳青年画中形象）

鞋式满汉各异。满女天足，着木底鞋，底高一二寸或四五寸。高跟装在鞋底中间，形似花盆者为"花盆底"，形似马蹄者为"马蹄底"。汉女缠足，多着木底弓鞋，鞋面均多刺绣、镶珠宝。南方女子着木屐，娼妓喜镂其底贮香料或置金铃于屐上。

因这一时期民间木版年画盛行，所以留下很多婴戏图中的儿童服式（图7-22、图7-23）。

清代服饰风格的确立，与清代蒸蒸日上的纺织业、发达的金银细金工艺是分不开的。特别是旗袍和大袄，很讲求装饰，衣襟、领口、袖边都要镶嵌几道花绦或彩牙子，以多镶为美，所追求的与洛可可风格完全一致：繁缛、美丽、奢华。

三、军戎服装

清代军戎服装与前代明显不同，其原因主要有两个，一是满族作为统治者，必然强调服装的民族特色，因而与唐、宋、明大不相同。二是清代，特别是清中后期，处于冷兵器向热兵器转折的时期，前代的金属铠甲面对火枪、火炮显然无济于事。

不过，清前期铁甲还用于作战，中期以后则主要在仪式上应用了。战场上有戎装，但多为绵甲。绵甲在明代时已用，可以防箭。清代绵甲做法与前相同，即有布面和布里，面子与里子之间絮棉花，然后纳缝，表面再用金属甲沧钉住以固定，以达到坚实并能护住要害部位的目的（图7-24）。

清代将头盔明确称为胄，胄分覆碗、盔盘、管柱等几个部位，管柱上有貂尾为饰。当然，貂尾只限于总督、巡抚、提督用作为胄饰，其他官员一般不垂。

图7-24　清代武将施琅像

如任总兵或副将，可以垂獭尾，参将垂朱牦。清代文官也以顶戴花翎来标识级别，这里还有游牧民族的文化遗痕（图7-25）。

清代兵制中有八旗之分，分别是正黄旗、镶黄旗、正蓝旗、镶蓝旗、正红旗、镶红旗、正白旗、镶白旗。这里以颜色划分，加上清戎装以绵布甲为主，因而也就便于以颜色来标识了。绵布甲上再以彩线绣以蟒云和莲花等图案。胄的顶部用黑漆，胄的顿项和护领多随各旗衣色，也可以用石青色。总之，比中国前代戎装增加了许多色彩，以示其标识作用。

图7-25　清代甲胄

第二节　西方服装上的巴洛克风格

所谓巴洛克风格，起源于建筑艺术，进而影响到绘画、音乐、雕塑以及环境美术。因此，作为艺术中的一个品类——服装，不可能处在同一时期中却不被这一时代的艺术风格所影响。只是，在巴洛克风格的总体范畴中，服装仅是一个方面，况且服装也有自身发展的规律，这就说明了服装风格形成过程中的复杂性，以及时代背景对于服装风格化的重要作用（图7-26）。

一、男服上的巴洛克风格

公元17世纪的男服是华丽的，将它与巴洛克风格相提并论，是再恰当不过的了。与16世纪相比，这一时期的男服不仅有了明显的变化，而且在整个17世纪当中，它向新颖形式的演变一刻都没有停息过。

17世纪初期的男服还保留了16世纪末的南瓜裤等服式，但是进入到17世纪第二个10年时，男服开始讲求更多的装饰了。如1616年绘画作品中有一个名叫理查德·塞克维尔的男人，他穿着艳蓝色的长筒袜，袜跟两侧绣有精美的花纹。鞋子做工精巧，鞋面上有玫瑰花形饰物，代替了或是遮住了鞋带打成的结。

图7-26　典型的巴洛克风格男女服装

与此同时，在丹麦人所崇敬的克里斯钦四世的一幅肖像画中，可以看到他衣服上装饰了有规则的图案。紧身上衣下摆部分仍然很窄，装饰着垂边，前襟上的纽扣很密，非常宽松的灯笼裤，极像布鲁姆女式灯笼裤的造型。

在17世纪的前30年中，男士们特别重视衣服上的装饰品。裤子两侧、紧身上衣边缘及袖口处饰有一排排的穗带或几十颗纽扣。领子及袖口的花边比以前更宽、更精致。靴口向外展开，长筒袜起着很重要的装饰作用。

法国的男服风格极鲜明，衣服上通常有大量的针织饰边及纽扣，下垂镶边很宽，领上饰有花边。袖子上的开缝露出衬衣，袖口处镶有花边，这种袖口被称之为骑士袖口。膝盖下面的吊袜带与腰带一样宽，并打成大蝴蝶结。方头矮帮鞋上带有毛茸茸的玫瑰花形饰物，靴子上带有刺马针，固定在四叶形的刺马针套圈上。男士们已经有了晚上穿用的拖鞋，头发比以前留得更长，并烫有松散的发边，耳边头发用丝带扎起。紧身上衣的后襟中部、袖子以及前襟上开有衣衩。宽边帽子饰有羽毛，帽檐一边卷起，或两边都卷起，有时还佩着绶带、短剑及披着带袖斗篷（图7-27、图7-28）。

17世纪的男裤看上去像长短不一的褶裙，短的到膝盖以上，长的到小腿肚，上面布满了缎带装饰。在维多利亚和阿尔勃特博物馆收藏的一件公元1600年的服装，上面用了大量的缎带，其颜色、宽度和织法各式各样，但每处缎带都很精美，如腰围与裤管外侧有密集的缎带环。整套衣服的面料是深米色丝绸，上有乳白色花纹。缎带有些是白色的；有些是米色的，中间带有粉红色或黑色线条；有些是淡紫色，带有米色图案；有些是灰黄淡绿色；有些是淡蓝色；还有些是灰橙色的。从这里，不难看出17世纪巴洛克风格的服装装饰方式、材料都与16世纪有明显区别，即以缎带打成的蝴蝶结、玫瑰花结和纽扣、花边等取代了五颜六色的宝石（图7-29）。威尼斯花边也因此名扬天下。

图7-27 法国国王路易十四视察法兰西科学院

图7-28 "太阳王"路易十四

图7-29 穿方头鞋、饰有蕾丝花边服装的男子

在一幅画于19世纪描绘凡尔赛宫廷贵族豪华服装的版画中，可以看到法国路易十四时代的男子典型装束：头戴高大的插满羽毛装饰的帽子，帽檐下披散着卷曲浓密的假发，全身的缎带、皱褶、蝴蝶结繁不胜数，脚上还穿着一双高跟鞋。假如没有手杖和宝剑的话，几乎难以辨认出这是位男性。美国一位服装心理学家在总结这一时期男装风格时说："男子穿紧身衣，戴耳环、花边皱领，用金刚钻装饰鞋，佩扣形装饰品和羽毛帽，他们举止的女人腔是服装的女人腔直接派生出来的……化妆品、香水、花边、首饰、卷发器和奢侈的刺绣，所有这一切成了当时男性最时髦的装饰"（图7-30~图7-33）。

图7-30　作于公元19世纪的版画，描绘路易十四时代男女典型着装

图7-31　上图男装细解

图7-32　男子假发

图7-33　公元17世纪男子假发

二、女服上的巴洛克风格

17世纪的女服，也像男服那样盛行缎带和花边。但是，与男子不同的是她们并没有以缎带取代珠宝。相反，当时最时髦的佩饰品和衣服上的装饰，仍以珍珠为最。而且初期女子不尚戴帽时，高高的发饰上仍然戴着宝石。

女裙的最大变化是，以往撑箍裙都需要撑箍和套环等固定物，而这时有些妇女已经免除过多的硬质物的支撑，这是百年来第一次形成布料从腰部自然下垂到脚底边缘。在从肥大形向正常形的过渡中，妇女们常把外裙拽起，偶尔系牢于臀部周围，这样其实比以前显得更肥大。由于故意把衬裙露在了外面，因此又给下裙的艺术效果增添了情趣与色彩。这些衬裙都是用锦缎或其他丝织品做成的，上面衬有各种不同的颜色，有的还镶着金边。这种风尚的流行，使得女性们将精力投入到衬裙上，以衬裙的各种质料或颜色来显示自己不落俗套（图7-34~图7-36）。

尽管这样，裙子的外形还是相当大的，有很多裙形开始向两侧延伸。西班牙著

图7-34　公元17世纪贵族女
性冬季常服

图7-35　典型的路易十四时代
贵族夫人讲究厚重豪奢的装束

图7-36　大裙撑女装

图7-37　西班牙17世纪的宫廷少女装
（玛格丽特公主肖像）

名画家委拉斯凯兹为王后和公主们画像时，描绘了这一时期典型的西班牙式裙装。年少的凡塔·玛格丽特公主的长袍是用淡珊瑚色的绸缎和闪闪发光的银制品做成的，她的发式显得格外庄重。宽大的椭圆形罩袍几乎平放在裙子上，华丽的皱褶由于镶着一圈深色的银边而显得格外突出。用布片拼做的衣袖还是16世纪的式样，但衣袖上翻在外面的皱褶则是最新式样。这套服装不仅代表了17世纪服装上的巴洛克风格，同时还带着强烈的宫廷服装特色（图7-37）。

　　这一时期妇女对佩饰品和服装随件的兴趣，可以说和男子不相上下。首先是头饰，其次是颈部显露出来的项链，凡没有穿轮状大皱领的妇女，颈间都佩戴项链。手套的使用也格外讲究，而且无论男女都把手套戴在手上或拿在手里。现今可以在几个大博物馆里看到的手套，一般都会在深色的手腕部位绣上花纹，还有的在边缘处镶带或是缀上装饰品（图7-38）。

　　不戴手套的时候，大多使用一个舒适温暖的皮筒。这种皮筒和皮毛围巾一起戴，不分男女。另外，上层社会曾流行无论冬夏，时髦的人都带着扇子。折叠扇开始流行起来，但是并没有完全取代羽毛扇。除此以外，妇女们的腰间还要挂着一个镜盒、一个香盒和其他化妆品。当然，珍珠耳环、手镯等仍是令人喜爱的饰品。在巴洛克艺术风格盛行时期，服装形象上的大胆创新和竞相奢丽都被认为是正常的（图7-39、图7-40）。

图7-38 欧洲羽毛饰女帽

图7-39 蕾丝花边占据了衣服的主要部位

图7-40 更加多样的花边绣饰

第三节 西方服装上的洛可可风格

所谓洛可可风格，是指18世纪欧洲范围内所流行的一种艺术风格，它是法文"岩石"和"贝壳"构成的复合词（Rocalleur），意指这种风格是以岩石和蚌壳装饰为其特色；也有翻译为"人工岩窟"或"贝壳"的，用来解释洛可可艺术善用卷曲的线条，或者解释为受到中国园林和工艺美术的影响而产生的一种风格，它对中国特别是清代服装也影响巨大。

与17世纪巴洛克风格对服装的影响一样，洛可可风格同样体现在18世纪的服装上。与前者不同的是，洛可可风格横贯东西，比巴洛克风格有着更大的文化涵盖面，使其在服装风格化时代中占有更重要的位置。另外由于洛可可风格对各艺术门类普遍存在影响，也使得18世纪的服装表现出空前的新局面。

17世纪末至18世纪，东方的中国服装面料、款式、纹样曾给西方服装界带进一股清新的风，影响范围和速度相当惊人。公元1700年，在巴黎举办的一次商品展览会上，法国贵族豪富对中国工艺美术商品趋之若鹜。法国1685年派到中国的传教士（耶稣会士）白晋在1697年出版的《中国现状》一书中介绍了中国服装并大加赞扬，使西方皇室贵族以穿中国服装为荣。史载1667年某一盛典中，路易十四全身着中国装束，使全体出席者为之一惊。1699年，布尔哥格公爵夫人召请当时返法的传教士李明（1687年来华，1692年返法），他身穿中国服装参加舞会，博得在场观众热烈的喝彩。转一年，王弟在马德里举办中国服装化装舞会，会后还有一场以《中国国王》为名的戏剧。蓬巴杜夫人也曾穿用饰有中国花鸟的绸裙。法国宫廷还在18

图7-41 洛可可艺术风格画家法戈纳
作品《秋千》

世纪的第一个元旦，举行了中国式的庆祝盛典，一时，中国趣味不仅吸引了上层社会，而且也影响了整个法国社交界。如开办中国式旅店，里面的服务人员着中国服装；游乐场所点中国花灯，放中国烟花，演中国皮影戏，并设中国秋千等。看起来，这一时期中国以及东南亚的服装风格强烈冲击着西欧，确实掀起一股"中国热""东方热"。西欧著名的拜布林花毡被中国刺绣取而代之。西方人士的服装倾向，越来越追求质地柔软和花纹图案小巧，而且布料的色彩趋于明快浓重和淡雅柔和相并进。尽管一些欧洲国家屡次禁止印花棉布和丝绸进口，以保护本国纺织工业的发展，但由此导致的原料稀少更助长了人们穿着的欲望，因此一时以印花棉布和丝绸做成的长袍短衫成为最时髦的服装。这些虽然不是构成西方服装上洛可可风格的唯一因素，却是极重要的原因。

当时，不少具有洛可可艺术风格的画家也加入到服装设计的行列之中。他们一方面将所流行的服装再加以理想化的描绘，在画布上表现出来，一方面又迎合人们的审美倾向而大胆创作一些从未有过的色彩和田园诗般的款式，可以说，在流行洛可可风格服装的过程中，画家曾起到推波助澜的作用（图7-41）。

一、男服上的洛可可风格

18世纪初期，随着路易十四逐渐年迈，社会变化的速度也日趋缓慢。男服在相当一段时间里，几乎处于停滞更新的状态。尽管这样，服装风格还是悄悄地从巴洛克那种富丽豪华向洛可可的轻便和纤巧过渡（图7-42、图7-43）。

这时，没有过多装饰的宽大硬领巾取代了法国男服的领结，衬衫前襟皱褶突起的花圈儿也已消除。男士假发虽然样式越来越多，人们也可以根据职业和场合的不同而随时更换，但是早先那种披肩假发显然已经过时，只有宫廷男士、社会学者和年长而保守的绅士们还在沿用。因为它确实能够体现出一种威严的气派，可是日常戴用负担太重，也不方便。于是，人们开始时兴将两侧头发梳到脑后，以各种方式将其固定下来。如用一条黑色发带将头发拢在一起；或是用一个四角黑色袋，将头发包起来，再在顶部装饰一个蝴蝶结；或者是将发辫包裹于螺旋形的黑色缎带套之中（图7-44）。

进入18世纪50年代以后，持续了几十年的服装流行款式开始出现变化，最突

中西服装史（第2版）

116

图7-42　18世纪初男装依然延续17世纪末风格之一　　图7-43　18世纪初男装依然延续17世纪末风格之二　　图7-44　作于公元1778年的版画

出的一点是服装的造型趋于纤巧。原来那宽大的袖口已经变得较窄而且紧扣着。为了与其他衣服相配，上面常有刺绣，同时饰以穗边。外衣下摆缩小了许多，皱褶不见了，并在腰围以下裁掉了前襟饰边。到了18世纪80年代，后摆的皱褶已完全消失了，边缝稍向后移（图7-45）。

由于裤子外露较多，人们开始注意它的尺寸大小和合身程度。大腿以下部分显得平整合体，膝盖以上的缝孔是用一排纽扣扣紧的。膝带也同样用扣紧锁。这时候，衣服上仍布满了刺绣和穗带，而且袖口、口袋盖和外衣前襟上，也常用毛皮作为装饰。

足服显得一丝不苟。有些是用银丝精制而成，有些还镶以人造宝石。当然，真正达官贵人的鞋子上镶的是珍贵的天然宝石。

18世纪后期，男服中的外衣越来越紧瘦，致使赶时髦的年轻人，穿着瘦袖紧腰身的衣服，前襟看起来几乎不可能合拢，密密的纽扣成为装饰品。自此以后，男子服装的整体形象逐渐摆脱了17世纪末和18世纪初的脂粉气而开始趋于严肃、挺拔，优美同时富有力度，显得男子汉味道十足（图7-46）。

图7-45　18世纪末男子的正装，假发不再使用　　图7-46　法国人向俄罗斯人学来的男装款式

燕尾服是由前襟短、后身长，并且很难系上纽扣的服装式样演变来的。从这一时期画像上表现的着装形象来看，外衣紧瘦的样式非常时髦，并已经形成一种潮流。通襟敞开着，露出里面的绣花背心，或是上面系扣，而腰腹以下的衣身敞开着，整件外衣有向后延伸的倾向。

当时表现绅士的肖像画很多，而且由于画家有着高超的写实技巧和严肃的忠于现实的精神，所以观者可以清楚看到画像上衣服的裁剪、缝合以及面料纹路的走向。同时能够看到上衣胸部上方部位向外凸起，并呈流线型；而燕尾部位的线条突然向后倾斜，并渐渐变得很窄。马裤紧贴下肢，由于它多为皮革制作，富有弹性，所以不必担心会因下肢活动而撑裂。

除此之外，双排扣、大宽翻领、领带的蝴蝶结位于衬衣褶边上方，或是没有褶边的衬衣以及马裤一直伸到靴筒内的穿着方法，都是18世纪末期的服装风格。特别是经过法国大革命运动以后，那些"非马裤阶层"——贫民阶层的劳动者的肥大长裤开始流行。至此，男服在18世纪走过了一个由女性化回归到男性化的全过程。

二、女服上的洛可可风格

女服风格的形成与发展，远比男服风格要迅速而多变。洛可可风格的女服主要是由宫廷贵妇率先穿起的，但是她们已经不满足那种纤巧与富丽，对宫廷生活的世俗传统也已感到厌倦，于是将兴趣转向了东方的景物纹样和吉祥文字，想通过精致秀丽之风表达出自己对大自然的渴望。这种对服装的趋新趋异思潮，使洛可可风格在服装上的体现呈现出一种多元化的倾向。当年路易十五宠爱的蓬巴杜夫人，曾担任法国宫廷中最大的沙龙女主人。在这里，主人的一切布置，都是社会生活的一种直接反映，是社会思潮的一种折射。而沙龙主人的审美情趣，又势必影响了社交圈诸如着装等在内的审美标准。法国大革命前，宫廷服装潮流引导贵族服装趋向，进而诱发社会服装流行的现象非常明显。这是帝制社会的一种最常见的服装流行规律，而在法国这个自帝王就崇尚奢华挥霍，极力追求服装新潮的国家，也就表现得更为明显。

这里，我们绝不能忽视蓬巴杜夫人对18世纪服装风格的影响。蓬巴杜夫人是个有教养并有着很高审美情趣的女性，最后成为国王路易十五的私人秘书。她的服装每件都要精心设计和挑选，以求气质高雅。她所穿的丝质长袍，质量上乘且异常宽松柔软。宽大的皱褶、纤细的腰身和肥硕的裙裾，每一处都经过制作者的精缀细缝，色彩上舒适明快，图案上精巧玲珑，卷曲的内衬和无尽的繁复细节相得益彰，使洛可可风格的服装艺术得到了完美的体现（图7-47、图7-48）。

虽然蓬巴杜夫人并没有倡导什么服装风格，可是她那讲究的服装形象无疑成为贵族乃至全社会妇女效仿的楷模。因此，人们在评论蓬巴杜夫人在服装史中的位置时，总会说她左右了18世纪中叶西欧的服装风格。就连穿戴服饰如何适应不同场合这一类服装礼仪行为，也深深地影响了整个法国。以致她曾梳过的发式和穿过的印花平纹绸以及她亲自设计的一种宫内服装，甚至她喜欢的扇子花色、化妆品和丝带等，都被人们以她的名字来命名。她喜爱并率先穿用的宽低领口在女服款式中经久不衰。

图7-47　蓬巴杜夫人画像之一　　图7-48　蓬巴杜夫人画像之二

总之，蓬巴杜夫人着装体现出的典型洛可可风格是那个时代的必然。

纵观洛可可风格的服装，可以发现这种风格不是孤立存在的。它不仅与那个时代的社会文化相关，同时还得到了世界各国文化的滋润。女王身上的金丝绣花锦缎、贵妇身上高雅别致的平纹绸和闪闪发光的缎料是洛可可风格服装形成的必备条件（图7-49~图7-51）。

洛可可风格的服装纹样题材广泛，人物、动物、亭台楼阁、几何图案一应俱全，尤其引人注目的是中国的宝塔、龙凤、八宝和落花流水等纹样也被广泛采用。当然，在西方服装上反复出现的已经是西化的中国纹样了。

18世纪后期，人们愈益追求柔软、轻薄而结实的织物，因此英、法两国都增加了印度花布的进口量。18世纪末，印度头巾以绝对优势取代了希腊服装影响的流风遗韵，西方服装发展又面临着一个新时代的挑战。

图7-49　洛可可风格服装在民间流行　　图7-50　裙子向两旁扩展的女服款式　　图7-51　18世纪后期开始出现的只在后臀将外裙吊起的女服款式

第四节 西方17、18世纪军戎服装

公元1631年，德国、瑞典两军对阵于莱比锡附近的布莱登菲尔德。此时华伦斯坦由于功高震主，引起皇帝和帝国内其他诸侯的猜忌已经第一次辞职，他的部队也暂时解散。这次与瑞典和萨克森联军对峙的是由老将蒂利率领的帝国军队。按照那个时代的通例，两军于清晨在原野上列好阵势，场面蔚为壮观。一个个数百数千人组成的方阵整体排列，将领们身着甲胄，宽大的装饰和精美的肩带披挂在右肩，吊挂长剑于左髋。不戴头盔的军官都戴着宽边帽，上面有各种颜色的飘带和羽毛，在服饰接近的帝国军队和萨克森军之间（双方都是德国人，只不过信仰不同），就以宽边帽上的飘带以及其他服饰的颜色划分敌我阵营。帝国军帽子上饰带的颜色为白色，部分人还在臂上缠白色毛巾，萨克森军则为绿色。夸张滑稽的切口装时代已经过去，剪裁合体的紧身上衣配肥大马裤的时代已经到来，还有不多的军官斜披着潇洒的斗篷。双方的将领和中级军官都穿着当时流行的矮帮靴子，鞋头较方，鞋跟短粗，最主要的是靴口宽大，向下翻折时会露出带有精美花边的长筒袜，这固然不太舒服，但一点痛苦在这个讲求男性美的时代是无关紧要的。

尽管同样身处纷飞的弹雨中，瑞典军过硬的心理素质与严明的纪律优势显露无遗，战线虽然不断被打出巨大的缺口，但整个队形依然保持完整，看不出丝毫混乱的迹象。与之相比，帝国军的左翼，一支由蒂利副将巴本海姆领导的骑兵却忍耐不住了。这是一支全新的骑兵部队，他们就是"Kürassier"，德国历史上的胸甲骑兵。这些骑兵依然身穿全副铠甲，从外形上看，他们只是比当年的骑士少了单独的腿甲与铁靴，转而将以前悬挂于胸甲上的护腿甲加长，甚至一直垂到膝盖处，这种铠甲也因此被称为"四分之三盔甲"。腿上则穿厚重皮靴防护。胸甲被特别加厚并锻打出中间的棱线以对抗正面射来的枪弹，今天依然保存下许多留有枪弹凹痕的胸甲，显示工匠们的这种期望曾一度得到了满足。从其他方面看，这种铠甲也是以防枪弹而非传统的冷杀伤兵器而设计的，铠甲外观上不必要的装饰都被去掉，带有几分简约的力量之美。巴本海姆的这支5000人的骑兵部队是帝国军队的精华，他们身上的四分之三铠甲为了防锈漆成黑色，同时还有黑色斗篷搭配，一袭黑衣，给任何敢于挑战的对手以震慑（图7-52、图7-53）。

1713年以后，由于军队的战术越来越以火力和机动性为要素，大部分士兵就不再将盔甲视为防护的首选，因为穿戴盔甲不但不能阻挡住穿透力越来越强的枪弹，还会制约自己的动作。这种革命性的变化也是人体护甲发展史上的一种客观规律：当由于护甲重量太大以至穿着者的灵活程度低过某一个临界点后，人们就开始倾向于通过放弃防护来获得彻底的机动性，以躲避硬杀伤手段。这一临界点是不断变化

图7-52　德国雇佣兵群像之一

图7-53　德国雇佣兵群像之二

的，一般来说，一个作战人员的负荷（包括护甲、装备、补给品等）不能超过自身体重的三分之一。当护甲和其他装备的重量超过这个限度，穿着者从增强防护上获得的好处就被机动性下降的弊端所抵消，即付出与收获开始失衡。因此，对于军用防护服的穿着者和制作者来说，制作和穿着任何一件防护服都要根据当时兵器的杀伤性质和杀伤范围来决定。

1757年，普鲁士王国腓特烈大帝率部在罗斯巴赫迎战以法军为主的联军，此役中最为后世研究者津津乐道的是当腓特烈察觉对方动向，命令骑兵部队迅速转移以占据有利阵位时，由于行动太快甚至使敌方将领产生普军是在退却的错觉。他们不久就为自己的这一误判付出代价。年仅33岁的骑兵将领席德里兹率领38个中队共四千名骑兵转移到波尔曾山地后方，注视着联军毫无警惕地排着行军纵队前进。席德里兹以一摇烟斗为号，所有普军骑兵倾巢而出。冲在最前面的是普军骑兵的精华——胸甲骑兵，阳光下他们的锃亮的胸甲闪闪发光，高高挥舞的马刀令人胆寒。联军中的法军军官卡斯特里后来记载下了自己的恐惧："我们还没有能够排成队形，普军的全体骑兵就冲上来了，好像一面坚固的墙壁，以极高的速度推进。"这种强大的冲击力和严明的纪律体现了腓特烈长期严格训练的成果，他们挥舞马刀在联军阵中反复冲杀了四次之多，刀锋闪过血光四溅。冲锋过后的普军骑兵并未恋战，在联军反应过来前撤出。随后，普军炮兵大发神威，惊人的射速给溃退的敌军造成了不计其数的伤亡，并为重整的普军骑兵创造了再次痛击联军的机会。此役腓特烈率领的普军击溃人数远胜于联军，成为18世纪战争史上著名的罗斯巴赫会战（图7-54）。

罗斯巴赫会战与古代战场上盔甲闪耀、长矛林立的壮景迥异，这时的陆战场自有一番别样的美。普军步兵身穿红色军服，这应该是自英国克伦威尔新模范军的红色军服发展而来。两条白色武装带呈"X"形分布于左右肩，分别吊挂弹药包和军刀。白色裤子紧

图7-54　腓特烈大帝像

图7-55 马克西米连着铠甲上阵

紧裹住双腿，软皮靴筒裹住硬皮军靴。头上则依然是那个时代男子普遍佩戴的假发，再戴上普鲁士特有的尖顶帽。就那个时代的技术水平而言，这身军服剪裁合体，利于机动。颜色统一、醒目，便于己方军官指挥，更可震慑敌人。一列列队形严整的普军步兵在密集弹雨中从容不迫地装弹、攻击和行进，无情地挤压着联军的防线，战况发展至最激烈时，腓特烈甚至投入了他的近卫军，终于得以击退联军。当联军骑兵好不容易集结起来准备反击时，又遭到了身穿绿色制服的普军轻骑兵和龙骑兵的突袭。由于不担负冲锋任务，普军轻骑兵不穿铠甲，马刀、马靴都更为轻便，灵活性突出（图7-55）。

在普遍身穿绿色军服的普军轻骑兵间，还有一群黑色身影引人注目，他们不再是当年令全欧洲闻风丧胆的黑骑士——德国雇佣兵骑兵。他们来自普鲁士军队的精华——近卫轻骑兵团。不管他们特殊颜色的制服是否是对黑骑士的模仿，他们头上带有骷髅徽记的军帽都是令人震撼的。这取意对腓特烈大帝之父——"节俭国王"腓特烈的纪念，在其葬礼上打出了上有骷髅图案的旗帜。为了纪念父皇，腓特烈大帝于1741年成立了近卫轻骑兵团，规定他们一律身穿可怖的黑色制服，头上的军帽则绣上象征死亡的骷髅图案。此时他们正在轻骑兵统领普特卡迈尔率领下绕到敌军后方攻击，充分发挥自己轻便敏捷的特长。在敌军侧翼，是贝鲁斯率领的龙骑兵，龙骑兵实质是骑马的步兵，具有较强的机动性，但主要下马作战，并担负执勤巡逻等任务，此时他们也骑马投入追击战，令联军的退却变成了大雪崩。

罗斯巴赫和鲁滕战役是腓特烈大帝的军事艺术最高峰，也令全欧洲见识了新型普鲁士军队的强大战斗力，更令普鲁士人的自信与自豪空前高涨。这两次胜利带来的荣耀与辉煌深深刻印在所有普鲁士人的集体意识中，成为后来俾斯麦等人进一步强国强军寻求统一之路的深层次精神源泉。

延展阅读：服装文化故事

1. 晴雯病补雀金裘

清人曹雪芹的《红楼梦》中有许多关于服装的故事，其中一个便是丫鬟晴雯带病缝补好用孔雀羽毛拈成线织成的雀金呢外衣。据说这件衣服金碧辉煌，碧彩闪烁。这里一是说明清代竟有这等工艺的衣物，二则显示了妇女的聪慧与不畏艰难的精神。

2. "维特装"与"绿蒂服"

《少年维特之烦恼》是一部享誉世界的文学作品，作者为德国著名作家歌德，这部书于1774年问世。当年，这部表现爱情的小说中的男女主人公服饰曾引发了一代人的共鸣。维特最终因得不到爱而自杀，临死时穿着两人初见面时的衣服：蓝色燕尾服、黄色背心和长筒靴，被称为"维特装"。少女的白上衣，袖口和胸襟上系着粉红色的蝴蝶结，被称为"绿蒂服"。文学形象引发了时装流行。

3. 财迷人舍不得买衣服

17世纪，莫里哀有一部作品《悭吝人》，书中描绘了一个爱财如命的老年人。当年的基本着装形式受法国路易十四的影响，讲究用许多绸带遮住系裤子的细绳。而这位家财万贯却一丝一毫都不舍得花销的阿巴贡，就那样把细绳露在外面去求婚，结果可想而知。

4. 有名的"蓝袜子"

公元18世纪中叶，英国伦敦上流社会的妇女，热衷于举办沙龙以附庸风雅。英国女作家伊丽莎白·蒙德古伯爵夫人组织的学术社团红极一时。著名学者斯德林弗里特常穿蓝色长筒毛绒袜，后来他的到会与不到会，人们就以"蓝袜"代之。当传到法国以后，男士们爱把那些醉心于书卷或文艺而疏于管家务的女人称为"蓝袜子"。

课后练习题

1. 简述明代补子与清代补子的区别和联系。
2. 简述巴洛克服装的风格特点。
3. 简述洛可可服装的风格特点。

第八讲　服装完善化时代

　　服装的完善意味颇多，其中一个重要的指标是功能性。随着时代的发展、社会的进步，服装与人的"默契"显得越发重要，实用与舒适被提到前所未有的高度。除去功能性，人们对于服装美的追求也愈加多元且日新月异，人类本性中喜新厌旧的思想与不断思变的作风将服装历史带到一个崭新的时代。

　　服装完善化时代约为18世纪末~20世纪中叶，但中西方在时间上存在着较大差异，整个19世纪中国仍处于清王朝统治时期，时至清末同治四年（1865年），清政府为了挽救日益没落的封建王朝，不得已派遣学生游历外洋。光绪二年（1876年）又选派武弁往德国学习水军，加之在中国领土上有来自各国，特别是欧洲的侵略军和商人，因此必然出现了西服东渐趋势，但迫于皇帝阻拦，改装一直未得大规模实行。留洋学生回国后，也只得蓄假辫以避其舆论，直到辛亥革命发起才彻底改革服装形制。在机械工业逐渐兴起的形势下，去掉长衣大袖而使之轻便适体，无疑是一次服饰上的大胆改革。所以，中国服装完善时代应自19世纪末延续到20世纪上半叶，且随着西服东渐之势融合至世界大潮流大趋势之中。

第一节　中国汉族服装

　　19世纪末，机械工业像狂风巨浪般冲击着古老的亚洲大地，给这块宁静的仍安于手工业生产和醉心于精工细作的东方艺苑带来了机器的轰鸣声。中国曾有一批向往西方近代文明的知识分子联名向清廷上书，建议变法维新，其中即包括服饰习俗，如康有为在《戊戌奏稿》中讲："今为机器之世，多机器则强，少机器则弱……然以数千年一统儒缓之中国褒衣博带、长裙雅步而施之万国竞争之世……诚非所宜矣"。并请求"皇上先断发易服，诏天下同时断发，与民更始。令百官易服而朝，其小民一听其便，则举国尚武之风，跃跃欲振，更新之气，光彻大新"。戊戌变法中提出改制更服，虽然未能成功，宣统初年外交大臣伍廷芳再次请求剪辫易服也未能奏效，但辛亥革命终于使得近三百年辫发陋习除尽，也废弃了繁琐衣冠，并逐步取消了缠足等对妇女束缚极大的习俗。20世纪20年代末，民国政府重新颁布《服制条例》，其内容主要为礼服和公服，30年代时，妇女装饰之风日盛，服装改革进入一个新的历史时期。

一、男子长袍与西装

这时期，男子服装主要为长袍、马褂、中山装及西装等。虽然封建社会的服饰禁例已经被取消，但各阶层人士的装束仍有明显不同。这主要取决于其经济水平和社交范围的差异。另外，由于年龄、性格、职务、爱好的不同，服装也在大同之中求各异，并根据场合、时间分早装、晚装、礼服、便服等不同款式。这时的男子已普遍剪去辫子、留短发。下面按几种习惯装束分述：

长袍、马褂，头戴瓜皮小帽或罗宋帽，下穿中式裤子，蹬布鞋或棉靴。20世纪20年代中期废扎裤下端腿带，20世纪30年代后，裤管渐小，恢复扎带，缝在裤管之上。这是中年人及公务人员交际时的装束（图8-1、图8-2）。

西服、革履、礼帽，成为配套服饰。礼帽即圆顶，下施宽阔帽檐，微微翻起，冬用黑色毛呢，夏用白色丝葛，成为与中西服皆可配套的庄重首服。这是青年或从事洋务者的装束（图8-3）。

学生装与清末引进的日本制服非常类似，当然日本制服又是在西服基础上派生出来。式样主要为直立领，左胸前一个口袋，一般是头戴鸭舌帽或白色帆布阔边帽，通常为资产阶级进步人士和青年学生所服用（图8-4、图8-5）。

中山装是基于学生装而加以改革的国产形制，据说因孙中山先生率先穿用而得名。当年制定国民党宪法时，曾规定高级文官宣誓就职时一律穿中山装，以示奉先生之法。其式样原为九纽，胖裥袋，后根据《易经》、周代礼仪等内容寓以含义，如依据国之四维（礼、义、廉、耻）而确定前襟四个口袋，依据国民党区别于

图8-1　穿长袍马褂、戴小帽
　　　　的男子
（参考传世照片绘）

图8-2　穿长袍马褂、戴小帽
　　　　的男子
（传世照片）

图8-3　穿西装、戴礼帽的男子
（参考传世照片绘）

图8-4 穿学生装的男子
（传世照片）

图8-5 穿学生装的男子
（参考传世照片绘）

图8-6 穿中山装、戴遮阳帽
的男子
（参考传世照片绘）

图8-7 20世纪20年代中国街头男性服饰

西方国家三权分立的五权分立（行政、立法、司法、考试、监察）而确定前襟五个扣子，依据三民主义（民族、民权、民生）而确定袖口必须为三个扣子等，这些改动都是在西装的基本式样上掺入中国传统意识（图8-6、图8-7）。

长袍、西裤、礼帽、皮鞋是20世纪三四十年代较为时兴的一种装束，也是中西结合非常成功的一套服饰。既不失民族风韵，又增添了潇洒英俊之气，文雅之中显露精干，是这时期最有代表性的男子服饰形象（图8-8）。

北洋军阀时期，直、皖、奉三系服英军式装束。披绶带，原取五族共和之意而用五色，后改成红、黄两色。胸前佩章，文官为嘉禾，寓五谷丰登；武官为文虎，即斑纹猛虎，寓势不可挡。首服有叠羽冠，料用纯白色鹭鸶羽毛，一般为少将以上武官戴用，有些场合校级军官亦可。军服颜色，将官及以上服海蓝色，校官及以下着绿色。国民党军服分便服和礼服两种，便服作战穿，制服领，不系腰带；礼服则为翻领，美式口袋，内有领带，外扎皮腰带，大壳帽。宪兵戴白盔，警察着黑衣黑帽，加白帽箍、白裹腿，这是由辛亥革命标志遗留下来，以示执法严肃。此间军警服式变化较多，仅举以上几例（图8-9）。

至于民间，由于地区不同，自然条件不同，接受新事物的程度也不尽相同，因此服饰的演变进度自然有所差异（图8-10）。

图8-8　穿长袍、西装裤、皮
鞋，戴礼帽，系围巾的男子
（参考传世照片绘）

图8-9　穿军服的将官
（蔡锷将军任云南都督时摄）

图8-10　戴瓜皮小帽、穿对
襟坎肩、扎裤管的男子
（参考传世照片绘）

二、女子袄裙与旗袍

这时期女子服饰变化很大，主要出现了各式袄裙
与不断改革样式的旗袍。

清代末年以后，由于留日学生甚多，国人服装样
式受到很大影响，如多穿窄而修长的高领衫袄和黑色
长裙，不施图纹，不戴簪钗、手镯、耳环、戒指等饰
物，以区别于20世纪20年代以前的清代服饰而被称为
"文明新装"。这种上袄下裙的装束被称为袄裙装（图
8-11、图8-12）。进入20年代末，因受到西方文化与生
活方式的影响，人们的服饰又开始趋于华丽，并出现
所谓的"奇装异服"。

旗袍本意为满族旗女之袍，实际上未入八旗的普通
人家女子也穿这种长而直的袍子，故可理解为满族女子
的长袍。清末时这种女袍仍为衣身宽大，腰线平直，衣
长至足，加诸多镶滚的样式。20年代末由于受外来文化
影响，旗袍长度明显缩短，腰身收紧，至此形成了富有
中国特色的改良旗袍。衣领紧扣，曲线鲜明，加以斜襟
的韵律，从而衬托出端庄、典雅、沉静、含蓄的东方女
性芳姿（图8-13）。这种上下连属、合为一体的服装款
式隶属古制，但从古以来的中国妇女服装，基本上采用

图8-11　穿短袄套裙的女子
（传世照片）

图8-12　穿短袄套裙的女子
（参考传世照片绘）

直线，胸、肩、腰、臀完全呈平直状态，没有明显的曲线变化。直到这时，中国妇女才领略到"曲线美"，将衣服裁制得称身适体。女子身穿旗袍，加上高跟皮鞋的衬托，越发体现出女性的秀美身姿。旗袍在改良之后，仍在不断变化。先时兴高领，后又为低领，低到无可再低时，索性将领子取消，继而又高掩双腮。袖子时而长过手腕，时而短及露肘，40年代时去掉袖子。衣长长时可及地，短时至膝间，并有衩口高低位置变化，开衩低时在膝中，高时及胯下。40年代旗袍省去烦琐装饰，更加轻便适体，并逐渐形成特色。这期间女服除旗袍以外，还有许多名目，如大衣、西装、披风、马甲、披肩、围巾、手套等，另佩有胸花、别针、耳环、手镯、戒指等配饰（图8-14）。

图8-13 着改良旗袍服饰形象

（a）中袖筒身式（早期）　　（b）短袖紧身及膝式（中期）　　（c）无袖收腰袖领式（晚期）

图8-14 民国改良旗袍

第二节　中国少数民族服装

中国是一个统一的多民族国家，20世纪50年代确认为56个民族，其他尚待识别。除汉族以外的55个兄弟民族，人数只占全国总人数的6%，因而习惯上称其为少数民族。但其人口分布面积约占全国总面积的50%～60%，分布地区很广。有些地区以一个民族为主，如西藏、新疆、内蒙古等地，有些地区却杂居二十余个少数民族，如中国少数民族分布最多的省份云南。这里所讲的民族服装，主要指成熟于20世纪中叶的少数民族服装。

一、黑龙江、吉林、辽宁三省民族服装

（一）朝鲜族服装

朝鲜族主要聚居在吉林省延吉地区朝鲜族自治州，其他多分布在黑龙江、辽宁两省。

女子着长裙与短袄，上衣以直线构成肩、袖、袖头，以曲线构成领条、领子，下摆与袖窿呈弧形。年轻女子上衣较短，年长者袄长渐增，但一般不及腰。领条和在胸前领下打结的领带多用彩色绸带。下裳为细褶修长的裙子，裙腰与短袄内小背心相连，年轻女子裙长过膝，婚后多长及足踝。脑后梳长辫，足登浅色船形鞋（图8-15）。

男子上衣结构与女服相同，但衣长及腰下，外罩深色对襟坎肩，衣带素色，比女子较短。下身着肥大的"跑裤"，裤口系腿带，足蹬鞋头高翘的船形鞋。

（二）满族服装

满族男子传统衣装为长袍，外罩为长及腰际、袖仅掩肘的马褂，或再罩对襟、一字襟、琵琶襟坎肩，冬戴暖帽，夏着凉帽，脚下着靴。女子着宽身长袍，身穿坎肩，头梳两把头，脚蹬花盆底或马蹄底的绣花鞋。然而，清亡之后，满族基本上便不再着传统服装而与汉族相同了。

（三）鄂伦春族服装

鄂伦春族主要分布在黑龙江省的黑河、大兴安岭、伊春和内蒙古呼伦贝尔等地区。

由于气候寒冷，鄂伦春族男女着装均以皮袍为主，冬季穿用的皮袍称"苏思"，春季的称"古拉密"。头戴极富民族特色的狍头帽，一年中脚上多穿鱼皮靴，手戴鱼皮绣花手套。男子皮袍饰有黑褐色或黄色的皮边，女子皮袍不仅镶有精制的皮边，还在领口、袖口、大襟处绣花纹，在两边开衩处绣云纹。女子春

图8-15　朝鲜族中年与青年妇女服装

图8-16　鄂伦春族男女服装

图8-17　达斡尔族男女服装

图8-18　鄂温克族男女服装

夏和居家不戴皮帽时，系扎围巾或贝壳制头箍（图8-16）。

（四）达斡尔族服装

达斡尔族，是中国最北部的少数民族之一。他们主要居住在内蒙古自治区和黑龙江省，还有少数在新疆维吾尔自治区。男女均着大襟长袍，脚穿绣花皮靴，喜将靴筒翻下来显露出背面花纹。男子长袍常于前襟下摆正中处开衩，腰间束宽大腰带，在一侧打结或打结后下垂。腰间佩短刀为饰，戴动物头型皮帽。女子长袍有些在袍下裁成裙状，有些于前襟下摆处开衩并饰边缘，腰间系腰带或腰巾，袍衫之外套深色绣花坎肩，头上包裹头巾（图8-17）。

（五）鄂温克族服装

鄂温克族主要散居在黑龙江省和内蒙古自治区，素以勇猛慓悍而著称。男女均着大襟长袍。男子袍襟、袖、领处镶很宽的花边，花边以线绣与补绣相结合。腰间系宽腰带，带首上亦绣花，下垂穗。头戴毡帽或礼帽，足蹬皮靴。女子长袍上部为窄袖紧腰身，而下部则宽大多褶呈敞开形，如百褶裙式，长短不一。头戴阔边毡帽或筒帽，多为深色，帽顶上结红缨自然垂下，其长度仅限于顶部，是该族女子的典型装饰，腰间亦以宽腰带扎系，带上绣金线花。女子普遍戴饰品，已婚妇女还要戴银牌、银圈等（图8-18）。

（六）赫哲族服装

赫哲族主要集中在黑龙江省同江县街津口、八岔乡和饶河县西林子等地，与汉族、满族等民族杂居。

男子服装以鱼皮、鹿皮等皮衣为主，多穿鱼皮长衫，内有鱼皮套裤，脚蹬鱼皮靴鞋。冬季戴皮帽子，着宽大且厚的皮袍，中间以带系腰。并在领、袖等边缘处将毛皮翻出，既保温又可作为装饰（图8-19）。夏日着长衫或短衣。女子着袍，为大襟。除领、袖等处有补花边饰外，袖上方、前胸及袍下部均饰很宽的杂色并绣花的装饰，腰间系宽大并带有绣花的鲜艳腰带。冬日皮袍，同男子一样将皮毛翻出。头上多戴粉红色或天蓝色头巾，罩于顶上，系于脑后。脚下也着鱼皮靰鞡等。

二、内蒙古自治区民族服装

蒙古族服装

蒙古族主要分布在内蒙古自治区和辽宁、吉林、黑龙江以及新疆、青海、甘肃等地。

因散居各处且相隔甚远，所以蒙古族服饰呈现多样化。但他们有一个共同特点，即无论式样有何差异，男女均着大襟长袍，边缘以宽边为饰。头

图8-19　赫哲族男子服装

裹包头或扎系头巾。男女腰间皆扎系红、黄、绿色腰带，宽且长，男子在腰下挂刀鞘。牧民脚穿"唐吐马"，即半筒高靴，靴上以彩色线绣出美丽的云纹、植物纹或各种几何纹。

摔跤服是蒙古族极有特色的服装，有些地方将其称为"昭得格"。一般上身为革制绣花坎肩，边缘嵌银制铆钉，领口处有五彩飘带，后背中间嵌有圆形银镜或吉祥文字。腰围特制宽皮带或绸腰带，皮带上亦嵌有两排银钉。下身穿白布或彩绸制成的宽大多褶的长裤。外套吊膝，一律缘边绣花，膝盖处绣花纹并补绣兽头，更增添着装者的威武之气。头上不戴帽或缠红、黄、蓝三色头巾。脚下蹬布制"马海绣花靴"或"不利耳靴"（图8-20、图8-21）。

图8-20　蒙古族摔跤服1

图8-21　蒙古族摔跤服2

三、宁夏回族自治区民族服装

回族服装

除宁夏回族自治区较集中外，回族多散居全国各地。

回族男子一般为长裤、长褂。秋凉之际外罩深色背心，白衫外缠腰带，最大特点为头戴白布帽。女子服饰与汉族类似。有的着衫、长裤，戴绣花兜兜，有的长衫外套对襟坎肩，一般多习惯蒙头巾。男女鞋子与汉族鞋式大体相同（图8-22）。

图8-22　回族男女服装

四、新疆维吾尔自治区民族服装

（一）维吾尔族服装

维吾尔族大部分聚居在中国西部新疆维吾尔自治区。

男子着竖条纹长衫，对襟，不系扣。腰间以方形围巾双叠系扎，呈下垂三角形装饰。内衣侧开领，外衫前襟敞开。女子着分段缬丝绸长衫，多翻领，也有大开领、圆领样式，下面以扣系上。外面常套深红、深蓝或黑绒的坎肩，胸前绣对称花纹，以葡萄纹最多。头上梳多条或两条辫，喜戴项饰。男女老少均脚蹬皮靴，头戴维吾尔族典型首服——吐鲁番花帽（图8-23）。

图8-23　维吾尔族男女服装

（二）乌孜别克族服装

乌孜别克族是中国少数民族中人口较少且居住分散的一个民族。

男子内穿绣花小立领白衫，放置长裤之内，长裤下截放于靴筒之中。外罩竖条长袍，习惯敞怀。女子多穿翻领丝绸连衣裙，自胸间捏多褶，下裳宽大，外罩镶光片绣花小坎肩。喜戴耳环、项链、手镯等配饰，脚着绣花鞋。男女均戴绣花小帽，女子也戴纱巾。按照习惯妇女出门必穿斗篷，蒙面纱（图8-24）。

图8-24　乌孜别克族男女服装

（三）柯尔克孜族服装

柯尔克孜族大部分聚居在新疆维吾尔自治区克孜勒苏柯尔克孜自治州。

男子传统服装为对襟无纽扣绣花短衣、长裤、长筒革靴。后有对襟长袍和短衣几种样式。头戴顶部白色、檐部黑色外卷、内有黑色细带绷于帽顶交叉呈十字的翻檐毡帽。女子有上衣下裳和连衣裙两种，外罩对襟小坎肩。胸前多以大型银制镂花纽扣作为装饰。头部纱巾向后系，冬日戴皮帽，盛装戴边缘垂下珠饰的圆帽箍（图8-25）。

（四）塔塔尔族服装

塔塔尔族主要分布在新疆伊宁、塔城、乌鲁木齐、布尔津、哈巴河等地。

男子戴小帽，穿皮靴，内有衬衣，腰系三角巾，外罩长衫或对襟无纽扣短衣，衣上绣花，后来多穿西服。女子穿着接近东欧女服样式，头上裹纱巾，向后系，身着连衣裙，腰间系带。或是上身窄袖短衣，外罩绣花坎肩，下身长裙，腰间前方系一围裳。裙边、肩头与领口多抽褶。后来裙身缩短，膝下着绒裤或长筒袜，脚下着皮鞋（图8-26）。

（五）俄罗斯族服装

俄罗斯族主要分布在新疆维吾尔自治区、东北和内蒙古等地。

男子基本上着西服、领带，头戴鸭舌帽。内着衬衣放于长裤之中，长裤下截放于长筒皮靴中。女子喜穿长及膝下、下摆肥大多褶、翻领紧腰的连衣裙，颜色图案非常丰富。头上盘辫、垂辫或外罩头巾，下穿各式皮鞋（图8-27）。

（六）哈萨克族服装

哈萨克族主要生活在新疆准格尔盆地和伊犁地区。

女子着紧身连衣裙，裙下摆与袖口等处喜欢加三层飞边皱褶。老年妇女裙长及足，外罩对襟长衫，围巾宽大可及胸前背后，上罩前额，颏下有绣花珠饰。年轻姑娘在连衣裙外罩短及腰际或长及胯下的对襟坎肩，脚蹬高筒皮靴。最有特色的是头戴帽

图8-25　柯尔克孜族男女服装　　　图8-26　塔塔尔族男女服装　　　图8-27　俄罗斯族男女服装

图8-28　哈萨克族男女服装

图8-29　塔吉克族男女服装

边绣花镶银箔的小帽，帽顶插羽毛，尤尚猫头鹰毛，并以此为贵。男子服装与新疆地区其他民族类似，头戴与柯尔克孜族男子相似的翻檐十字带小帽。身穿长裤、竖斜领衬衫、对襟坎肩等，脚蹬高筒靴，冬日套长袍（图8-28）。

（七）塔吉克族服装

塔吉克族大部分居住在新疆塔什库尔塔吉克自治县，只有少数散居各处。

男女服装式样大致与新疆地区其他民族相似，最有特色的是首服。塔吉克女子无论老少，均戴一顶用白布或花布做成的圆顶绣花小帽，前边有宽立檐，立檐上有银饰，并从顶上垂下一圈珠饰，花帽缀有后帘，有的还在帽上装一个向上翘起的翅，可以上下翻动（图8-29）。

（八）锡伯族服装

锡伯族主要分布在新疆维吾尔自治区与辽宁各地。

图8-30　锡伯族女子服装

男子服装兼有满族、蒙古族特点，多为大襟长袍，长袍外着马褂，头戴毡帽，足蹬长筒皮靴，腰间束宽腰带。女子服装兼有满族、蒙古族、维吾尔族等民族特征，其中以头箍最有特色，箍上有银圆饰，箍下垂一圈长长的珠饰，前边长达眉际（图8-30）。

五、甘肃省与青海省民族服装

（一）裕固族服装

裕固族主要分布在甘肃河西走廊中的肃南裕固族自治县境内的祁连山北麓和双海湖畔。

女子一般着大襟长袍，袍边缘镶很宽的多层花边，并在彩绣之外加缝花辫。腰间束带，有两条宽带自背后搭至胸前，另有一条垂在背后，谓之"头面"。平日头戴喇叭形尖顶帽，帽顶垂红穗。脚蹬长筒革靴。男子身穿

图8-31　裕固族男女服装

图8-32　保安族男女服装

图8-33　东乡族男女服装

大襟宽缘边长袍，腰束带，下身着长裤，脚蹬皮靴。头戴卷檐皮帽或毡帽，由侧面看呈前尖后方形，顶上绣图案，边缘绣花或裹黑色边（图8-31）。

（二）保安族服装

保安族主要分布在甘肃省。

男女服饰明显具有回族服饰特征。男子头戴白布紧帽，上穿白衬衫，外罩深色坎肩，下着长裤、布鞋。女子花袄外罩对襟或大襟坎肩，下着长裤，头扎花围巾。老年妇女围深素色头巾，多围至头、颈及胸前（图8-32）。

（三）东乡族服装

东乡族是甘肃省颇具特色的一个少数民族，主要集中居住在甘肃省东乡族自治区。

男女服装均明显受到其他民族影响。男子在20世纪初时服蒙古族典型套服与佩饰。后来似回族戴皮质或布质白帽，身穿白衫，外套坎肩。有的似维吾尔族腰间横围三角绣花巾。女子的一些服式也类似回族，但其帽与坎肩有独到之处。如帽边向上裹卷，形成一条圆条状凸棱；或是由数个布缝圆筒，穿在一起成为头箍，每个圆筒上均有绣花，并加大花及垂饰（图8-33）。

（四）撒拉族服装

撒拉族主要聚居在青海省循化撒拉族自治县，亦有少数居住在甘肃省和新疆等地。

男子服式与回族基本一样。女子服式亦与回族的围巾等服式基本相同（图8-34）。

（五）土族服装

土族主要生活在青海省境内，祁连山支脉大坂山

图8-34　撒拉族女子服装

图8-35 土族男女服装

图8-36 藏族男女服装

图8-37 藏族服饰形象

一带。

男子着白袄，外罩深色无袖大襟长袍，腰间系带。下身着长裤，头戴上翘宽檐毡帽，足蹬皮靴。女子上着彩条袖大襟袄，下着长裙，宽大多褶且及足踝。外罩大襟坎肩，系宽腰带。头戴尖顶上翘翻檐毡帽，脚穿绣花靴。

土族重视装饰，在服装的款式、图案、色彩上异常考究。土族服饰最突出的特点即色彩鲜艳、明快，对比强烈，是一个钟爱艳色服装的民族（图8-35）。

六、西藏自治区民族服装

（一）藏族服装

藏族主要聚居在青藏高原地带，另有多处自治州分布于甘肃、青海、四川、云南等地。

男女长袍式样基本相同，为兽皮里、呢布面，所有边缘部分均翻出很宽的毛边，或是以氆氇镶边形成装饰。男女长筒皮靴也基本一样，用毛呢、皮革等拼接缝制而成，硬底软帮。靴面和靴帮有红、白、绿、黑等色布组成的图案，每块布剪成优美的云纹等形状，中间以金边镶沿，靴腰后部还留有十多厘米长的开口，以便穿脱。

男子皮袍较肥大且袖子很长，腰间系带。穿着时习惯脱下一袖露右肩，或是脱下两袖，将两袖掖在腰带之处。袍内可着布衣，或不着内衣。腰带以上的袍内形成空间，可以作为盛放物品的袋囊，使藏族皮袍独具特色。头上戴头巾或是侧卷檐皮帽，帽檐向侧前方延伸上翘。腰间常佩短刀、火石等饰件，并戴大耳环和数串佛珠。女子平时穿斜领衫，外罩无袖长袍，腰间围藏语称之"邦单"的彩条长围腰。头上裹头巾，或是在辫子中夹彩带盘在头上，形成一彩辫头箍。腰间有诸多银佩饰与挂奶钩，并喜戴耳环、手镯等饰件，以颈、胸及腰部的佩饰最为精美（图8-36、图8-37）。

藏族传统衣料中最有特色的是氆氇，其彩条氆

图8-38　门巴族男女服装　　　图8-39　珞巴族男子服装　　　图8-40　珞巴族女子服装

氇可作为女子前围腰，也常作男袍的边缘装饰。

（二）门巴族服装

门巴族主要生活在西藏南部的门隅地区，少数居住在错那、墨脱等县。

门巴族服饰与藏族近似，只是耳环、手镯、指环等装饰品更加多样并多量，脚蹬绣花毡靴或布靴（图8-38）。

（三）珞巴族服装

珞巴族主要生活在西藏南部喜马拉雅山麓的洛渝地区。

男子着装类同于藏族，最有珞巴族特色的是首服熊皮帽，其熊皮色黑毛长，戴在头上，其长毛披于后背似长发披肩（图8-39）。

女子着彩条袖上衣，外罩长背心或斜罩格绒毡，亦有穿在前面相掩的横条筒裙。裹腿，着鞋或长筒皮靴。头上盘辫或梳辫，也有直接披发于脑后。珞巴族女子喜戴佩饰，颈间围十余串珠饰，耳上挂大耳环，腰间有铜饰、银饰及贝壳、玉石等物，走动时，环佩叮当（图8-40）。

七、四川省与贵州省民族服装

（一）羌族服装

羌族主要分布在四川境内。

男女皆穿长袍，女袍略长，下摆呈裙状。均系腰带，并以红色为多，头上缠包头。最能体现羌族民族特色的是男女皆穿羊皮坎肩，这种坎肩毛皮朝里，肩部与前襟下摆露出长长的羊毛，前襟一般敞开。外面加衣料面子或直接将光板披露于外，肩头边缘处以线缝出图案，更多的是排列整齐的针码。男女服装略有差别的是女服上多绣花（图8-41）。

（二）彝族服装

彝族分布在四川、贵州、云南、广西等省或自治区，比较集中的是在四川凉山

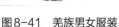

图8-41　羌族男女服装　　　　图8-42　彝族男女服装　　　　图8-43　彝族服饰形象

彝族自治州、楚雄彝族自治州等地。

男子上身着大襟式彩色宽缘饰的长袖衣，下身着肥大的裤子或宽幅多褶长裙，脚下着布鞋或赤脚。最具彝族服装特色的是头扎"英雄结"，身披"察尔瓦"。英雄结是由于以长条布缠头时，在侧前方缠成一根锥形长结，高高翘起，多作青年男子头饰，故得名。察尔瓦是一种以羊毛织成的披风，染成黑、蓝、黄、白等色，披风上彩绣饰边，并沿下摆结穗。

女子多穿彩条袖子的窄袖长衫，外套宽缘边的深色紧身小坎肩。下身为几道横条布料接成的上半部合体、下半部多褶的百褶裙。头饰为一小方巾搭于头上，再将辫子盘于巾上，最后以珠饰系牢。方巾上绣有各种图案，有的珠饰垂至胸前。脚蹬绣花翘头鞋。有手镯、耳环和专用于领口的装饰品，男子也讲究戴耳环，多戴于左耳（图8-42、图8-43）。

（三）苗族服装

苗族分散在贵州、四川、云南、广西、广东等地。

女子服饰五彩斑斓，一般是上着短衣，中间掩襟、大襟或是前两片分开，露出同色绣花内衣。下着短裙或长裙，亦有着长裤者。全身服装遍施图案，以黑色为底，上面以刺绣、挑花、蜡染、编织等手法装饰。讲究佩戴银饰，胸前有大型银项圈和银锁，下垂银质珠穗。头上常梳髻，高高盘于头上，再以各种银梳、绢花、头簪、垂珠为饰，也有以银铸成双角状头饰，高高竖在头上，或者将头发缠上黑布和黑线。脚下一般穿木底草编鞋。

男子服装主要为对襟上衣、长裤，有时外罩背心或彩绣胸衣。其包头巾一头长及腰，两头均抽穗或绣以彩线图案。脚蹬草鞋、布鞋或赤足，扎裹腿时，亦在腿带上绣花（图8-44）。

（四）水族服装

水族主要聚居在贵州省三都水族自治县，其余的散居在贵州的荔波、独山、都匀、丹寨以及广西的大苗山、南丹、环江等地。

图8-44　苗族男女服装　　　图8-45　水族女子服装　　　图8-46　侗族男女服装

女子服饰以黑色为主。通常头裹黑包头，身穿宽袖对襟黑衣，下穿黑裙，裙内着裤，或直接着黑色长裤。最普遍的是在胸前系一黑色围裙，裙上端绣粉红色花。脚蹬布鞋，衣袖和裤管中间都有蓝布花边，上以彩线绣出图案。头上包头或盘髻，除耳环外，还普遍佩戴珠链式项饰或多层项圈（图8-45）。男子服装为长衣、长裤、包头、草履，内穿衣服小方领翻于外。

（五）侗族服装

侗族分布在贵州、湖南、广西三省相毗连的地区。

女子喜着长衫短裙，其上衣为半长袖、对襟不系扣，中间敞开一缝，露出里面的绣花兜兜。下穿短式百褶裙，裙长及膝盖，小腿部裹蓝色或绣花裹腿。侗族姑娘讲究穿绣花鞋，在衣服的边缘部位也有层层绣花锁边。头上饰有环簪、红花、银钗和盘龙舞凤的银冠，颈戴银项圈，最大一环直径抵肩。男子服饰与邻近民族男服基本相同，只是缘边和裹腿处多绣成图案（图8-46）。

侗锦，是侗族人服饰、被面、头巾、床毯等的主要用料，古称"伦织"，一般用两种彩色的细纱线交织。

（六）布依族服装

布依族主要居住在贵州西部布依族、苗族自治州以及兴义、安顺地区和贵阳市。

女子服饰多种多样：有的着彩袖斜领衣，下着长裙，前系长围裙；有的为大襟短衣长裤，腰间束带。头上有以围巾向后系扎的，也有以绣花方帕加辫发共成首服的，包头巾还常有一头长垂至腰。已婚妇女则用竹皮或笋壳与青布做成"假壳"，戴在头上，向后横翘尺余，是一种很特殊的首服形式。也有头不裹巾，仅以红、绿头绳为饰。脚上多着草鞋或布鞋。男子服装与侗、苗族男子服装近似（图8-47）。

图8-47 布依族男子、姑娘与　　图8-48 佤族男女服装　　图8-49 景颇族男女服装
已婚妇女服装

八、云南省民族服装

（一）佤族服装

佤族属于棕色人种，主要聚居在沧源和西盟等地，其他分布地区还有孟连、澜沧、双江、镇康等县和西双版纳傣族自治州、德宏傣族景颇族自治州。

女子着无袖或连袖短上衣，亦着大襟长袖缘边上衣，鸡心领或小立领，下着筒裙，筒裙有一层和两层之分。裙色多为黑、红，图案则多为横条，有宽有窄，一律向左掩。上衣较短，裙腰又起自腰腹部，因此腰腹多袒露在外。多赤脚或着草鞋。首服较有特色，多以红布或银质物做成头箍。习惯在小腿和腰间绕藤圈，上臂及手腕处戴银饰（图8-48）。

（二）景颇族服装

景颇族主要聚居在潞西、瑞丽、陇川、盈江等县的崇山峻岭中，还有小部分居住在临沧、片马、耿马地区。

女子多着黑色圆领窄袖上衣，下着长及小腿的红色景颇锦裙或花色毛织筒裙，腿部裹毛织物护腿。头上露发，发上缠珠或裹筒状包头。腰间均有很宽很长的腰带，以藤圈套在腰间，脚着草鞋或布鞋。服装上图案多用菱形纹，喜用银饰（图8-49）。

（三）纳西族服装

纳西族，居住在云南省西北部、四川西部和西藏东部，其中以丽江纳西族自治县为主要聚居区。

女子上身内着衬衣，外套宽缘边的大襟坎肩，前襟短，后襟长。下身穿裤，裤外再套褶裙，裙外还有一件长围裙。最为特殊的是女子所披的称为"披星戴月"的羊皮坎肩。披肩呈片状，上宽，腰细，下为垂花式，披肩镶饰两大七小共九个彩色丝线绣的扁平圆盘，盘中垂下一带，可系扎所背之物。头上梳辫或戴帽，脚着布鞋。男子服饰与邻近民族基本相同（图8-50）。

（四）基诺族服装

基诺族聚居在西双版纳傣族自治州景洪县境内的攸乐山一带。

女子上衣极短，多为深色，衣服的绝大部分全用彩色布条镶缝成横条图案，袖子缝彩条与花斑布。上衣衣领为竖直领型，不系扣时露出里面的绣花兜兜。下身为宽缘边加缝补花的前开合筒裙，裙很短，仅及膝下。小腿打裹腿或不裹，着草鞋或赤脚。头戴一种尖顶帽，颇似口袋少缝一边而罩在头上，于是竖起一尖，而下边如披巾（图8-51）。

男子服装基本上类同于邻近地区的式样。

（五）德昂族服装

德昂族是中国西南边疆的古老民族之一。他们跨国境而居，绝大部分住在缅甸，中国境内的德昂族主要分布在潞西、盈江、瑞丽、陇川等县，与景颇族、汉族、佤族、傣族等民族交错分寨而居。

男女均戴筒帕。女子着深色上衣，前襟处往往是一排银饰，下身着裙。德昂族女子以藤圈作为主要饰品，最有特色的是腰胯之间也有藤圈，而且重重叠叠，难以计数。颈项间有多层银项圈，耳部还垂下彩花与银饰，腰带、衣边等处无不施绣加穗，艳丽夺目（图8-52）。男子穿大襟无领长衣，外罩深色坎肩，下着肥大长裤。整体衣服的底色呈深蓝或黑。但外加装饰却十分鲜艳，如银项圈、红腰带以及装饰在筒帕上、双耳垂处以及颈项、胸前的各色绒球，据说男子所配绒球都是恋人所赠的定情物。

（六）傣族服装

傣族是远古时期的一个民族，绝大部分居住在云南南部的河谷地带，集中在西

图8-50 纳西族男女服装

图8-51 基诺族女子服装

图8-52 德昂族女子服装

双版纳傣族自治州和德宏傣族景颇族自治州，所居之处被誉为"孔雀之乡"。

女子上衣多为长袖或短袖薄衣，通常是无领，衣长仅及腰，有对襟与侧竖襟等样式。颜色多为白、浅粉红、黄和浅地素花等，侧面有小开衩，胸前以纽扣相系。下身为筒裙，裙长多及足，平时不系腰带，用手将一角捻成结，向另一方相掩，然后掖入腰间，前面形成一个自上而下的大褶，其掩裙方向多向右，亦可朝左。裙色较上衣色深，多花且艳丽。头上盘髻，喜插鲜花、梳子等头饰，脚上着屐或赤脚。普遍戴耳环与手镯。各地傣族服饰和傣锦都略有不同。男子服装与邻近地区的相似（图8-53）。

（七）白族服装

白族主要聚居在云南大理白族自治州，其他散居在昆明、元江、南华、丽江等处。

女子着浅色窄袖上衣，外罩宽缘边斜竖领或大襟坎肩，下着深色长裤，裤管略肥短。胸前围一彩绣围腰，腰带上绣满各种花卉。头上有一横宽条状头饰罩住发髻，头饰上垂下长长的穗，有的长及后背中部。头饰上或加以发辫、彩线、绒球等，色彩艳丽，装饰繁多，衣服上也是璎珞满身。男子多着白衫、长裤、裹腿、草鞋，外罩鹿皮坎肩。坎肩前有密密的纽扣和宽边缘，裹腿和腰带等处习惯系绒球为饰。如遇喜庆节日跳龙舞，男子穿大红长裤、白衣黑坎肩，头上以巾子扎成大大的垂下长穗的六角帽（图8-54）。

（八）独龙族服装

独龙族主要聚居在云南境内高黎贡山和担当力卡山之间的独龙江河谷，少数散居在贡山县北部的怒江两岸。

独龙族男女服饰非常近似，无明显差别，均为齐膝长袍，外罩坎肩，或是长衣、短裤、裹腿、赤脚。最具特色的是男女老少都身披一条独龙毯，这是独龙人自己织成的一种条纹毯，习惯将其披在前胸后背（图8-55）。

图8-53 傣族男女服装

图8-54 白族男女服装

图8-55 独龙族男女服装

（九）阿昌族服装

阿昌族主要聚居在云南省德宏州的梁河县和陇川县的户腊撒区，少数则散居潞西、盈江、龙陵、腾中等县。

女子着彩袖对襟上衣，内衣翻领于外，下着彩色长裤或长裙，外罩黑色或绣花、蜡染小围裳，脚穿布鞋或草鞋。头上盘髻簪花垂穗，也有的地区已婚妇女打黑色或藏蓝色包头，内衬硬壳，高者可达30~40厘米（图8-56）。耳环很大，盛装还有很多饰件，与黑色的服装形成对比。男子服装与云南省少数民族相似。

图8-56 阿昌族已婚妇女服装

（十）拉祜族服装

拉祜族是较为原始的民族。大部分集中在澜沧江以西，北起临沧、耿马、双江，南至澜沧、孟连、西盟等地，与汉族、傣族、佤族、哈尼族、布朗族、彝族等兄弟民族交错杂居。

女子穿开衩很高的长袍，袍袖、领口、大襟、下摆等部位均镶有密密的银圆饰，形成珠状边饰。下身穿暗横条肥腿裤或是带边缘的红花裙。另外，头巾和挎包等垂穗均拉得很长，并且用多色彩线组成。男子服装与云南其他民族服装相似（图8-57）。

图8-57 拉祜族男女服装

（十一）哈尼族服装

哈尼族主要分布在云南省南部红河和澜沧江两岸，哀牢山和蒙乐山之间，与其他民族杂居。

女子以衣饰华丽而著称。着深蓝色长袖上衣，对襟，开领很低或不系扣，衣长仅过腰，前襟开领处显露出红色的胸衣。下身着深蓝色短裙，一般在膝盖以上，小腿部再以同色布做成裹腿，头帕和鞋也均为深蓝色。由于散居各处，各地服饰略有区别，但一般可概括为：头上有排列整齐的银泡、银币和绒球、珠穗，两耳边垂下两大束鲜艳的彩线。颈间有多重珠链，或自头巾垂于颈间的银质套环。上衣缝上各种颜色的彩条，尤其集中在肩、袖部，重叠的彩条中夹杂有精致的彩绣。衣服上也以银圆花形片状饰作为胸前的重要装饰。同时，上衣下摆也彩绘图案或长垂彩穗。腰带结于前方双头垂下，带上亦为色布条、绣花并珠穗。裹腿布上更是层层装饰，且做工细致精巧。脚下着布鞋（图8-58）。

图8-58 哈尼族男女服装　　图8-59 布朗族女子服装　　图8-60 傈僳族女子服装

（十二）布朗族服装

布朗族是历史悠久的民族。主要聚居在西双版纳傣族自治州勐海县国境边缘的布朗山、巴达、西定等二十余个县。

女子服装样式受傣族影响很大，也为窄袖紧腰上衣、筒式花裙。但不同的是她们头裹黑头巾，身着服色也以黑色或藏蓝色为主。上衣衣长至腰下，较傣衣略长，对襟或两襟相掩。下着双层筒裙，较傣裙要短。头巾上有银链、银铃等饰件夹红绒线花，耳垂上也要在银圆片上夹杂红绒花。另有项链、手镯，背包等处常以金属件与红绒花共为装饰。脚上着草鞋或赤脚。男子着长袍，大襟缘边，也着短衣、长裤、包头。除此之外，也以绣花、腰带、绒球等为饰（图8-59）。

（十三）傈僳族服装

傈僳族主要聚居在云南省怒江傈僳族自治州的各县，其余分布在丽江、保山等地区，与各族人民杂居或小块聚居。

女子服装以色彩丰富、装饰规则为突出之处。一般穿前短后长的深蓝色或黑色坎肩。下着里外双层的长围腰，头上罩以银片珠饰的头饰，谓之"窝冷"。肩挎被称为"拉贝"的珠链和挎包。腾冲、德宏地区妇女还将两片精美的三角垂穗缀彩球的饰品围在腰后，成为西南民族最典型的"尾饰"（图8-60）。

（十四）怒族服装

怒族人主要分布在怒江两岸的傈僳族自治州的碧江、福贡、贡山县及兰坪、维西县境内。

女子着袖较肥的上衣，下着长裤，敞口或外缠裹腿。上衣外多罩赭红、大红或其他深色坎肩，喜在右大襟加上边缘，自腰起外缠两块怒族妇女自织的条纹麻布，形成裙装。头上缠包头巾，或是以发辫压方头帕加各色彩线成为头饰。20世纪60年代前还有文面习俗（图8-61）。

图8-61　怒族男女服装　　　图8-62　普米族男女服装　　　图8-63　壮族男女服装

（十五）普米族服装

普米族主要聚居在兰坪的老君山和宁蒗的牦牛山麓。

女子着大襟长袖短衣，多为红色或紫红色。下身穿白或天蓝等浅色长过膝盖的百褶裙，腰间缠多层鲜艳的彩条腰带。脚蹬长筒皮靴，头缠形体甚大的黑色包头巾与假发，包头发带垂下及肩背。另有手镯、耳环等饰物。男子服饰与藏服相似（图8-62）。

九、广西壮族自治区民族服装

（一）壮族服装

壮族，主要居住在广西壮族自治区，其余杂居在云南省文山、广东省连山、贵州省东南和湖南省江华地区。

男女均喜着白色或其他浅色的上衣，多为对襟、扣襻。下身为黑色肥裤管长裤，赤脚或着草鞋。其中男子多戴斗笠，系宽腰带。女子以花头帕绾于头上，裤上缝花边，胸前只钉两对扣襻，使之形成装饰（图8-63）。

（二）京族服装

京族一部分居住在山心、万尾、巫头三小岛，其余与汉族杂居于附近的江平镇和谭吉、江坝、恒望、竹山等村落，也有的迁居在邻近的合浦县。

男女均着裤管较肥的长裤，赤脚。但女子装束更有特色，着无领长袖紧身浅色衣，头戴直三角尖顶斗笠。另外，也有着立领大襟上衣或紧身大襟长衫的（图8-64）。

图8-64　京族男女服装

图8-65　仫佬族男女服装

图8-66　毛南族男女服装

图8-67　广西南丹地区瑶族男女服装

（三）仫佬族服装

仫佬族主要聚居在广西北部的罗城以及宜山、柳城、都安、河地、忻城、环江等县，还有的散居在贵州的都匀、贵定、荔波等地。

女子服饰与汉族近代服饰相差无几，多为大襟上衣，施很宽的边缘或采用花布饰之，下身着长裤、绣花鞋。外罩兜兜，集中在兜兜上部绣成梯形适合纹样。头上则喜梳辫或盘髻。男子服装介于汉族和西南诸族之中，对襟上衣、长裤，以深色为多。腰间系带，头上缠黑色或深色花包头巾，常将头巾一头垂于肩（图8-65）。

（四）毛南族服装

毛南族分布于广西壮族自治区的环江、河地、南丹、都安等地，其中环江、下南一带被称为"毛南之乡"，是最集中的聚居地。

男女服饰均与汉族近代服饰相似，但花竹帽是毛南族的著名工艺品，被称为"顶卡花"。它是男女老少都戴的晴雨两用首服，也是姑娘装束的重要饰品和男女之间不可缺少的定情之物（图8-66）。

（五）瑶族服装

瑶族分布在广西、湖南、云南、广东、贵州等省、自治区，多数居住在崇山峻岭之间。

女子着无领上衣，深色，领口处翻出浅色的内衣领，下身穿长裤，布鞋。上衣外罩彩绣坎肩，腰间系带，前垂围裳。其首服多种多样，不能笼统地归为一种。瑶族因居住地不同而服饰各有特点。如广西南丹地区男子，穿长过膝盖的白色灯笼裤，上绣红色竖条花纹，被称为"白裤瑶"。广东连南地区男子则蓄发盘髻，头包红布，上插野雉翎毛，女子也有以羽毛插于包头之上的装饰习俗（图8-67）。

（六）仡佬族服装

仡佬族主要散居在贵州省的遵义、仁怀、安顺、平坝等28个县和广西壮族自治区以及云南省。

女子一般着长袖衬衣，外套半长袖外衣，再罩对襟坎肩。下身着长裙。头巾罩在发髻上，余幅后垂及肩背，脚穿绣花布鞋（图8-68）。

图8-68　仡佬族女子传统服装

十、福建、广东、台湾、湖南等省民族服装

（一）畲族服装

畲族其祖先最早居住在长沙五溪湾一带，后来一部分到南岭成为瑶族，一部分到东部成为畲族。畲族分布在福建、浙江、广东、广西等地区，与汉族杂居一处。

女子着斜襟上衣，其特色服饰是"凤凰装"，即头戴以大红、玫瑰红绒线缠成统一形状与发辫相连的"凤凰冠"和全身衣饰以大红、桃红、金线、银线为主的带有银饰的服装（图8-69、图8-70）。

（二）黎族服装

黎族主要聚居在海南岛黎族、苗族自治州八个县境内。

女子着窄袖紧身短衣，两片前襟自领口直线而下，并排垂于胸前，里面有一件横领内衣与外衣长度相等。下着齐膝短裙，呈筒裙式，面料多用黎锦。男子服饰风格粗犷（图8-71）。

（三）高山族服装

高山族主要分布在中国台湾、福建等省。

男子多着对襟无袖上衣，前襟缝绣对称宽布条，以红条状为主，肩头与腰带亦为红色。内穿长袖衬衣，也可不穿，露颈与手臂。下身着长裤或裹腿，多赤足。女

图8-69　畲族男女服装

图8-70　畲族服饰形象

图8-71　黎族女子与男童服装

子装束，有的近似于汉族，有的类似于黎族，有长衣长裤和对襟衣、短裙等不同风格，喜以贝壳、兽骨、羽毛为饰（图8-72）。

（四）土家族服装

土家族主要居住在湖南省一带的武陵山区。

男子着对襟上衣，宽缘边，多纽扣。下身长裤也有缘边，一般为云纹，头上包头巾。女子着大襟上衣，下身穿长裙长裤，所有的边缘都是很宽的花带，喜扎围腰（图8-73）。

土家锦，是一种通经断纬，丝、棉、毛线交替使用的五彩织锦，经常作为出嫁时的被面和跳"摆手舞"时的披甲。

图8-72　高山族雅美人盛装

图8-73　土家族男女服装

第三节　工业革命与西方服装改革

历史学家说，工业革命不是从天而降的。这富有哲理的语言，说明举世瞩目的工业革命并不是一朝一夕突发异想而来的。

当然，无论怎样看待，机械工业的大发展，无疑对服装款式和纹样产生了巨大的影响，社会生活的节奏都由于蒸汽机的带动而突然加快，随之而来的自然是对以前宽大服装的着力改革。

一、男子服装

男服在19世纪的发展变化比女服要更加突出，而且就19世纪初和19世纪末来看，前后差别非常明显。

拿破仑·波拿巴曾有意提倡华丽的服装，这使19世纪初，法国大革命时期的古典主义服装样式和革命前的宫廷贵族服装样式同时并存。正如服装界人士所评论的那样：贵族气的装束也只是一种回光返照，它多半成为古典主义样式的点缀，使古典主义服装增添了贵族的豪华气息。

这一时期男装最突出的变化是裤子。由于法国大革命中，那种长仅到膝盖的马裤被看作是贵族的象征，因此平民男子故意将长裤作为自己的标志，而过去那种马

图8-74　拿破仑身着燕
尾服

图8-75　19世纪男子的着装形象
（礼服大衣）

图8-76　19世纪的英国
人着装

裤只有宫廷成员还继续穿着。

1815年时，男裤造型开始趋于宽松，这一改变是有着划时代意义的，因为多少年来欧洲男子的下装都是穿着紧贴腿部的裤子或长筒袜的。

在19世纪的最初20年内，男子上衣的诸多式样中，有一种是前襟双排扣，上衣前襟只及腰部，但衣服侧面和背面陡然长至膝部。双排扣实际上是虚设的，因为衣服瘦得根本系不上扣。上衣的下摆从腰部呈弧形向后下方弯曲，越往下衣尾越窄，最后垂至距膝部几英寸远的地方。这种窄的衣尾，后来被人们称为"燕尾"（图8-74）。

19世纪20年代中期，礼服大衣与燕尾服是流行的日常服装。只不过二者相比，礼服大衣显得更加实用些，因而穿着十分普遍，而燕尾服成为晚会或礼仪场合的服装，直至19世纪中叶才被大多数人所接受（图8-75）。

从这时起，上衣闭合扣上移，一般只能系最上边的两个扣子。到19世纪60~70年代时，上衣的两片前襟基本上自领口以下都可以闭合了。这一时期的英国人服装充满工业革命的朝气，男装的裁剪技术遥遥领先于其他欧洲国家（图8-76）。

在19世纪将近结束时，欧洲男子的典型着装形象是：头上礼帽，尽管高筒、矮筒、宽檐、窄檐不断有所变化，但基本样式未改。上衣有单排扣、双排扣之分。里面是洁净的衬衣，衬衣领口处有一个非常宽大的活结领带。领带结是整套服装中十分醒目的一处装饰。裤子的尺寸更加趋于以舒适为标准。裤管正中开始有笔挺的裤线。

这种男子着装形象，就是19世纪风卷世界各地的所谓"西服"样式（图8-77）。

二、女子服装

或许因为妇女没有像男人那样更多地直接接触到工业革命的缘故，进入19世纪

图8-77　男装出现新　　　图8-78　维多利亚女王1837年登基，　　图8-79　公元19世纪欧
的款式与搭配模式　　　　　　头饰及领饰相当考究　　　　　　　　洲女裙的立体效果

以后很长一段时间，女服仍然保留了欧洲宫廷式的古典风格（图8-78、图8-79）。

进入19世纪20年代以后，女帽的变化开始加快，有的宽檐帽上缠满了彩带，插着无数根羽毛。有的帽子上还饰有风车、帐篷饰物。晚间不戴帽子时，女子对自己的头发也格外重视。她们把头发梳得光滑明亮，而且用几条线绳和穗带将头发扎起来，然后再以金属线、发钗和高背木梳加以支撑。将头发、花和羽毛缠结到一起，形成鲜明的风格（图8-80）。

在这以后，女服经历了宽大而后又趋适体的变化，至19世纪50年代时，撑箍裙再度复兴。不过，这时被普遍接受的美国裙撑已不再是早年的藤条或鲸骨，而变成由钟表发条钢外缠胶皮制成，自然轻软多了（图8-81）。

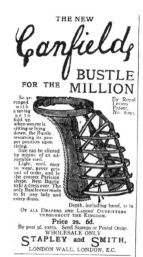

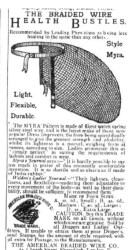

图8-80　公元19世纪的羽毛装饰女帽　　　　　　图8-81　当时的裙撑广告

与此同时，镶有黑缎带或大玫瑰的白缎鞋、悬垂的耳饰、成双的手镯和各种式样的项链十分盛行。折叠扇子、手套和装饰精巧的太阳伞使女性服饰形象臻于完美与完善。

第四节　西方各民族服装特色

人类对于民族认知的开端，应追溯到遥远的上古时代。除去早期的岩画外，古埃及金字塔的壁画中就绘有不同民族人物的着装形象，古巴比伦、亚述、波斯帝王的铭文中也有关于周边民族情况的早期记载。这以后，古希腊学者希罗多德写的《历史》和古罗马学者 C.塔西佗写的《日耳曼尼亚志》，曾详细地记录了当时的民族情况。公元 1 世纪初，古希腊的历史、地理学家斯特拉博的《地理学》一书，曾提到从不列颠到印度、从北非到波罗的海这一广大地区的 800 多个民族。中世纪时，在欧洲僧侣、商人和旅行家的著作里，也可以找到有关欧洲、北非和西亚各民族的记述。在公元 15～17 世纪这一历史阶段中，欧洲各国的航海家、探险家、传教士、商人和殖民者泛舟远航，到达美洲、非洲、南亚、东南亚和大洋洲。在他们所接触到的各民族生活方式和传统文化当中，最醒目的就是服装，而相关记载则大大丰富了世界民族资料的宝库。18 世纪开始出现对各民族文化进行比较研究的著作，如法国传教士拉菲托的《美洲野蛮人的习俗与古代习俗的比较》和德布罗斯的《偶像崇拜》等，以及法国启蒙思想家卢梭和伏尔泰诸学者在认证早期社会状况时都曾广泛地运用美洲和大洋洲的民族资料。

西方各国的民族成分比较单一。大多数国家都是在各自民族的范围内形成的，民族分布区域与国界大体一致或接近。只是在民族分布交界的地区，民族成分才比较混杂。欧洲共有大小民族 160 多个，人口上千万的民族有 18 个。下面主要介绍各国在 19 世纪时保留并形成传统服装文化特色的民族服装。为了关照一下西方服装史追溯源头时的地中海地区和美索不达米亚地区，特将北非和西亚古国形成特色的民族服装与欧洲（主要是西欧）各国的民族服装放在一起作为民族文化的研究资料。

一、埃及人服装

埃及人是北非埃及人口中占多数的民族，也称"埃及阿拉伯人"，聚居在尼罗河流域，为非洲最大的民族。

埃及人多穿又宽又大的长袍，既可挡住撒哈拉大沙漠的风沙，又便于光照强烈时流通空气。这种长袍长到踝部，颜色多为白色或深蓝色，里面穿着背心和过膝长裤。不论寒暑，男子都扎着一条头巾，或戴着一顶毡帽。妇女们则以黑纱蒙面，在符合伊斯兰教规的同时，又能适应居住区域的气候。埃及人服式简单，但一衣多用，宽大的袍子在夜晚就可以当被盖（图8-82、图8-83）。

图8-82　约公元100~130年埃及木乃伊画像之一

图8-83　约公元100~130年埃及木乃伊画像之二

二、波斯人服装

波斯人是西亚伊朗人口中占多数的民族，也称"伊朗人"，主要分布在伊朗的中部和东部。波斯古国历史久远，拥有灿烂的文化。绝大多数波斯人从事农业，兼营畜牧业，手工艺发达，对外交往年代早，交流多。

波斯的男子主要穿长衫，肥大长裤，缠头巾。过去根据头巾的颜色和式样，就可以知道其人的社会地位和籍贯（图8-84）。典型的礼服是长外套、宽大的斜纹布裤子和一双伊斯法罕便鞋。如果是新郎，大多要穿上一件带金丝穗、用金线绣花的衣服，被称为"会面袍"。在克尔克斯山区，这种"会面袍"一般是由家族传下来专为新郎穿用的袍子。

图8-84　西亚男子的装扮

三、苏格兰人服装

苏格兰人主要聚居在不列颠岛北部的苏格兰地区，其他散居在英格兰。

苏格兰男子服装有突出的民族特色：方格短裙。早在两千多年前，苏格兰高地上的人就穿一种从腰部到膝盖的短裙，名叫"基尔特"。这种裙一般是用花呢制作，布面设计成连续的方格，而且方格必须完全展现出来。后来演变成饰件较少的小基尔特，也被称为"菲里德伯格"，它是沿腰部折褶缝成的。穿这种裙子时，前面还要戴一块椭圆形的垂巾并扎上很宽的腰带。

苏格兰男人的典型全套服装是：上穿衬衣，下穿长及膝的裤子，裤外罩有褶裥的方格呢短裙，再披上宽格的斗篷。头戴黑皮毛的高帽，帽子左侧插一支洁白的羽毛。腰间佩上一只黑白相间的饰袋。穿着黑鞋，白鞋罩，短毛袜（图8-85）。

格子呢是苏格兰著名的毛织品，农民们用当地不同色彩、宽度的格子呢制成不同风格的服装。有些地区的农妇或渔妇，在衬衣外穿着格子呢女裙，女裙上的口袋还绣着花卉纹样，头肩部再披上一条精美的披肩（图8-86）。

图8-85　苏格兰军乐手服装

四、爱尔兰人服装

爱尔兰人是西欧爱尔兰共和国人口中占多数的民族，自称"盖尔人"。以农牧业和旅游业为主。其他的分布在英国，主要居住在北爱尔兰。另有一些爱尔兰人散居在美国、加拿大、澳大利亚和新西兰等国。

爱尔兰人无论男女都喜欢穿毛织品制成的斗篷。斗篷加上披肩是爱尔兰人典型的传统装束。斗篷用缎带系在前面，形成一个黑蝴蝶结，成为爱尔兰人喜爱的装饰。女裙普遍以绿色为主，但结婚时的斗篷，姑娘们一定要置办一件红色而厚实耐用的，以此象征吉祥。头上向后系扎的围巾具有典型的欧洲首服风格。

图8-86　苏格兰人花格裙

五、英格兰人服装

英格兰人是英国人口中占多数的民族，主要分布在英格兰和威尔士，少数分布在苏格兰和北爱尔兰。

英格兰农民的服装，还带有撒克逊时代服装的遗俗，其中最突出的是长罩衫。以正方形、长方形布料缝制而成，没有弯曲复杂的线条，有时前面、后面都一样，所以两面都可以穿。长罩衫的色彩因地区不同而有所不同，如在剑桥是橄榄绿色，而在其他地区则是深蓝色、白色、黑色等。长罩衫所用质料大多是亚麻布（图8-87、图8-88）。

图8-87　英格兰约公元前100年的巴格索普剑和鞘

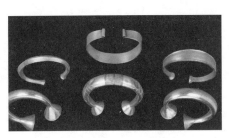

图8-88　英格兰约公元前1000~前750年的金手镯

六、法兰西人服装

法兰西人是西欧法国人口中占多数的民族。

法国的民间服装，可以作为法兰西人的民族服装风格。它虽然受到历史上宫廷服装流行、演变的影响，但由于很多偏僻地区，特别是农村的乡土服装仍保留着自己淳朴的服装风格，所以可以从中看出法兰西人传统服装的痕迹。

民间女裙装的袖子大多是长而宽松。袖口有时是翻折的，并饰以折裥。

法兰西人中无论男女，都非常讲究首服。那些饰以花边的帽子以及用花边制成的头巾，约有几百种式样。宽大的头巾在法国北部的法兰西人中非常流行。尤其是妇女的头巾，规格和式样都非常复杂。另外，分布区域不同，服色选择上也会呈现不同。

七、奥地利人服装

奥地利人是欧洲中部奥地利共和国人口中占多数的民族。

图8-89　奥地利传统女郎

在维也纳传统的音乐节和莫扎特的故乡萨尔茨堡音乐节上，人们都要郑重地穿上最地道的奥地利民族服装。妇女们穿着宽松的衬衣，还有用棉布、丝绸、天鹅绒制成的紧身围腰，上面饰以花边和银纽扣，肥大的裙子里面一般要穿上白色的衬裙，脚蹬皮鞋（图8-89）。

男子们上穿棉布或丝绸衬衣，下穿用羚羊皮制成的灰色或黑色的裤子，上面还装饰着银饰，并排列着许多刺绣花纹，腰间扎上一条精致的皮带。奥地利人的很多外衣和下装，都是由厚实的毛织品制成的，色彩大多为灰色、绿色、棕色等。

传统的帽子，也是黑色或绿色的，上面饰以小金属片，帽后还有两条穗带。

八、荷兰人服装

荷兰人是西欧荷兰人口中占多数的民族，主要分布在荷兰北部和中部地区。另有一部分人散居在美国、加拿大、奥地利、比利时和德国。

木鞋，是荷兰民族服装中一个重要组成部分。男子上穿衬衣，下穿肥大裤子；女子上穿衬衣，下穿多层的裙子，这是荷兰人通常穿用的主要服装形式。就足服来说，不论男女都穿木鞋。

九、西班牙人服装

西班牙人主要居住在西班牙国内，其余的分布在法国、阿根廷、德国、巴西、委内瑞拉、瑞士和墨西哥等国。

西班牙人的民族服装，与西班牙人的宗教、舞蹈和斗牛等有着密切的关系。例如，通常在舞蹈（踢踏舞）中适合快速急转的短式女裙，就不仅仅是舞蹈时穿着，日常出门或在集市上也可以穿着（图8-90、图8-91）。

图8-90　西班牙斗牛士服装

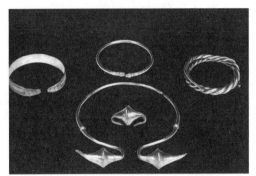

图8-91　公元前100年西班牙人的首饰

西班牙人女子的衬衣，大多在边缘上饰以白细布制成的折裥花边，头发上也装饰着带花边的头饰或是鲜花。其花边头巾是由阿拉伯面纱演变来的。

西班牙男子的服装也饰以刺绣，但民间的服装风格大体是简练而朴素的。

十、意大利人服装

意大利人是意大利共和国人口中占多数的民族，历史悠久，并且有着灿烂的文化。另有部分意大利人分布在美国、阿根廷、法国、加拿大、德国、巴西、瑞士、澳大利亚以及其他国家。

意大利人的民间服装，保留了许多古老的传统，所用质料有亚麻布、天鹅绒和丝绸。即使是较为贫困的农妇们，也穿着丝绸的女衬衣、内衣，并且饰以花边和刺绣。连亚麻布制成的围裙上也饰以彩色的窄条装饰。

意大利南部的妇女常年披着头巾，即便戴帽子时，也要把头巾罩在帽外。无檐女帽是由上浆的白色花边、金线花边织成的，帽顶和帽檐上还饰以花束和缎带。盛装是宽松的黑色衬衣加上饰以红色缎带的白色围裙，衬衣外再穿上长袖的黑色或蓝色天鹅绒外套。富裕妇女们戴着金、银、珊瑚或珍珠制成的佩饰品，农妇们则大多是戴着嵌有珐琅釉的金属佩饰或是玻璃珠。意大利北部男子的长裤是黑色的，渔民们的长筒袜也是黑色的。

十一、德意志人服装

德意志人主要居住在德国，其余分布在美国、加拿大和巴西等国。

德意志人是个爱好音乐、舞蹈的民族，同时又是个热爱并尊重传统艺术的民族。即使在20世纪以后，德国的巴伐利亚和黑森林地区的农民们，仍然在喜庆节日或城镇集市时，穿着严格的传统服装。妇女们大多是在白色或彩色衬衣外，穿上黑色天鹅绒围腰，上面还饰以穗带和玻璃珠。

十二、丹麦人服装

丹麦人，主要居住在丹麦国内，占该国人口的96.8％，其余的分布在瑞典、挪威、德国、美国和加拿大。丹麦境内早年居住着盎格鲁—撒克逊人，后经迁徙、融合，于公元10～11世纪形成统一的丹麦民族。

丹麦人服装上大都有优雅的刺绣，特别讲究的是在白色或本色的亚麻布外施以网绣。女衬衣、无檐女帽、头巾、披肩上一律有网绣。妇女们平时穿耐脏的深色女裙，裙外腰间再罩围裙。喜庆节日的盛装是带有褶裥的精致女裙。如果不是连衣裙，那么年轻姑娘们上身喜欢穿粉红色衬衣，而老年妇女则喜欢穿绿色衬衣。有的还在袖口上饰以缎带结。丹麦男子服装与北欧其他民族相近。

西方各民族服装在完善过程中，都传承着本民族的民俗文化，因此特色鲜明，反映出本民族风土人情，至今仍受到各民族的喜爱。

延展阅读：服装文化故事

1. 满含寓意的柯尔克孜族"圣帽"

传说，柯尔克孜族有一个首领，他感到作战时军容混乱，显得不够威武，于是下令统一服饰，特别是帽子。他要帽子既像一颗光芒四射的星星，又像色彩斑斓的花朵；既要像白雪皑皑的冰峰，又要像绿树成片的山林；既能避风雪，又能防风沙。结果，成就了柯尔克孜族男子典型的翻檐毡帽，人们将此称为"圣帽"。

2. 小牛皮披在后背有讲究

勒布区的门巴族妇女常披一张小牛皮。据"阿拉卡教"神话中说，曾有天神把牛派到门巴族人居住的地区，从而赶走了恶魔，给人们带来幸福与安宁。还有一种说法，文成公主入藏后，为了吉祥，身披牛皮，途径门隅地区时，将披肩赐给了门巴族妇女。当然，这与特产和御寒有着直接关系，只不过传说总是给服饰带来神秘的美。

3. 土族人自古爱蝴蝶

很久很久以前，土族大将军出战时受到敌军包围，当他认为完全无路可走时，欲掏出香罗手帕，咬破手指留下血书。谁承想，绣在手帕上的蝴蝶飞舞起来，引导着大将军率队冲出包围圈。后来，土族人感念蝴蝶，并把蝴蝶奉为"金色护法神"。

4. 羌族女将荞麦花绣在鞋儿上

羌族女传统服饰中，总爱在鞋面上绣荞麦花纹样。传说一对小夫妻育有一子，丈夫救起过枯萎的荞麦，之后荞麦竟帮助妻子夺回了被老鹰叼走的孩子。从此，羌族女都认为鞋上绣荞麦花是吉祥的。

5. 粤剧壮剧都有《百鸟衣》

壮族小伙古卡在山里救了一位孔雀仙子依俚，二人结为夫妻。后来，土司强行抢走依俚。依俚求助百鸟仙。百鸟仙连夜赶制了一件百鸟衣，古卡穿上它混入土司府中，设法救出依俚，二人远走高飞，又幸福地生活在一起了。

6. 壮剧《火龙袍》

北路壮剧剧目中，有一个取自于民间的故事。长工卜火在财主家吃不饱穿不暖，他想出一个办法，穿一件烂衣裳，口含辣椒推磨，结果满头大汗，数九寒天竟用扇子。财主奇怪，被告知是祖传的"火龙袍"。贪心的财主当即脱下绸袄缎袍，还加了50两银子，买去了这件火龙袍。后因嫌脏洗好了再穿，却发现并不暖和，再去问时，卜火告诉他是火神被水吓跑了。这里充分颂扬了穷人的智慧。

课后练习题

1. 简述中国旗袍的演变过程。
2. 中国少数民族着装有哪些特色？
3. 谈一谈工业革命对西方服装发展的影响。

第九讲　服装国际化时代

20世纪中叶，中西服装史进入到一个新的时代，呈现出国际化趋势，其特征主要表现为以欧美服饰潮流为流行先导，其中法国巴黎作为国际时装中心，具有时装发源地和集散地的突出作用。与此同时，民族特色服饰开始面临国际化时装的挑战。

时装是具有多重属性特征的时代产物，服装国际化时代正是依托于此。时装脱胎于工业革命，以工业革命先进成果的身份和形象，进入并占领了地球上每一个可以到达的地方，它恰恰成了工业普及的最直接最便利的"配套物件"。现代生活中，时尚的服装能够塑造好的形象，因而走在时代前端的西方时装又成为范本。时装还显示出价值取向以及审美标准的高选择，特别是科学技术带来的信息畅通与无障碍传递，使得时装的国际化趋向势不可当。

对于中国服装发展史来说，真正进入国际化时代应在20世纪后期。在这一阶段前期，中国社会经历了中华人民共和国成立的重大社会变革，服饰文化也因时代的变迁经历了几度风雨，在相当程度上受到政治因素的冲击。20世纪70年代末80年代初中国改革开放以后，大众着装开始趋向考究的面料，高档的做工，进而是新颖的款式，强调自身个性，开始有选择地效仿西方。

20世纪后期，服装快速西化的中国，已完全融入世界时装潮流，并以服装产业崛起、服饰设计水平提升、服饰消费份额增加的态势进入世界服装时尚领域。

第一节　中国20世纪中后期服装

1949年，中华人民共和国成立，标志着中国走入一个崭新的历史时期。这是一个以工人阶级为领导、以工农联盟为基础的人民民主专政国家，所以开国伊始，即与封建主义和资本主义划清界限，注意批判资产阶级生活方式，这自然会涉及服装以及着装方式。当时，在一些半封建半殖民地色彩极浓的沿海城市中，部分市民受西方国家统治（如租界地）与着装规范的熏染（如衬衣放在长裤外和穿窄带背心者上街被罚款），在一定程度上保留了西装革履、旗袍和高跟皮鞋以及一套潜移默化的西方着装礼仪。这种西洋服饰的遗痕连同原老城区的非常严格的传统长袍马褂的着装习俗，在工人、农民的服饰形象面前，显得陈旧，甚至带有旧时代的朽味。因为这些服饰形象极易与被批判的封建买办资本家或土地改革时农村地主的服饰形象产生重合。虽然没有明文规定着装必须向无产阶级看齐，但政治宣传的结果已使人们对上述两类人的着装产生一种情绪上的抵制。一时，工装衣裤（裤为背带式，胸前有一口袋）、圆顶有前檐的工作帽、胶底布鞋、白羊肚毛巾裹头、戴毡帽头儿或草帽、中式短袄和肥裤、方口黑布面布底鞋、从苏联学来的方格衬衫和连衣裙（音译为布拉吉）等，成了新事物、新生命的代表。如果偶有改进，也不过是把劳动布上衣做成小敞领、贴口袋，城市妇女则在蓝、灰列宁服外套里穿上各色花布棉袄，这是典型的工人和农民的服饰形象。喜庆节日里，陕北大秧歌的大红色、嫩绿色绸带拦腰一系，两手各执一个绸带头以使绸带随舞步飘动起来的舞服几乎在瞬间流行于全国，这显然是农民文化的一部分。

20世纪80年代末，军用棉大衣为各阶层男女老少所钟爱，只不过其他服饰已有改变，如不少人身穿西装或牛仔装而外穿或披"军大"（军用棉大衣的简称）。90年代末期，老式军服逐渐淡出人们的视线。

中华人民共和国成立后服饰的一个巨大转折点是改革开放。自1979年中国对世界敞开国门以后，西方现代文明迅疾涌入中国大地。其中，服饰成为最显而易见、对青年最有诱惑同时又最易模仿的文化载体。自此，世界最新潮流的时装可以经由最便捷的信息通道——电视、因特网等瞬间传到中国，中国的服装界和热衷于赶时髦的青年们基本上能够与发达国家同步感受到流行服饰。

自20世纪80年代初，全国美术院校及轻工、纺织等院校相继开办服装设计专业。从首都到地方还纷纷成立服装研究机构，并积极参与国际相关组织活动。90年代中期以后，服装个体经营以不同的规模如雨后春笋般出现，又给中国服装业注入了新的活力。

一、列宁服与花布棉袄

中华人民共和国成立之初，中国人着装开始出现整齐划一的趋势，一些典型服式和典型着装方式的普及程度是十分惊人的。如列宁服与花布棉袄就能够代表这种形势（图9-1）。

由于中华人民共和国刚成立时"中苏同盟，无敌于天下"的政治概念左右了服装，所以出现了男人戴鸭舌帽（苏联工作帽），女人着"列宁服"的现象。所谓列宁服，实际上就是翻领双排扣斜纹布的上衣，有单衣也有棉衣，有的加一条同色布腰带，双襟中下方均有一个暗斜口袋。中国人穿的这种列宁服，也可以说是以棉布制

图9-1 列宁服

作的翻领双排扣西服，但一般免去胸衬和垫肩，口袋有些像外套大衣的斜插口袋，这样既有新鲜感，又不费料费工。

花布棉袄原是中国女性最普遍的冬装，且沿用时间很长，这里专门讲花布棉袄，是因为当年花布棉袄的穿着方式上带有意识变革的痕迹。用鲜艳（一般多为红色）小花布做成的棉袄，在20世纪50年代前主要为少女及幼女的冬服，成年妇女多以质料不同的绸缎面料做棉袄面（城乡贫穷人家妇女则以素色布）。中华人民共和国成立后，由于具有中国传统文化特色的绸缎面料被认为带有封建味道，所以参加工作的女性和女学生就摒弃了缎面，而采用具有农民文化特色的花布来做棉衣，以显示与工农的接近。

中华人民共和国成立之初，由于很多方面向苏联看齐，所以中国少年先锋队的队服采用的即是苏联等东欧国家的少年学生装。这种装束在20世纪50年代一直被全国中小学生穿用。

二、全民着军便服

中华人民共和国成立后的中国人民解放军军服，虽说仍然属于西式军服范畴，但在具体形制上尽量避免欧美军服的影响，而是侧重于苏联军服风格，包括军衔制和军衔标志的设立。20世纪50年代时军官戴大壳帽，士兵戴船形帽，军服领式、武装带系扎等明显接近苏联军服款式。海军则是较为标准的国际型，即军官大壳帽，冬天藏蓝色军服，夏天白帽、白上衣、蓝裤。士兵无檐大壳帽，帽后有两条黑色缎带，上身白衣有加蓝条的披领，裤子为蓝色并扎在上衣外，配以褐色牛皮带。

进入60年代，军服已设法摒弃这种风格，并取消军衔制，不分官兵一律头戴圆顶有前檐的解放帽，帽前一枚金属质红五星，以继承红军传统（但帽形未取红军时八角帽），上身穿翻折式立领（俗称制服领）、五个纽扣的上衣，领子两端头缝缀犹如两面红旗式的领章，上面没有军衔标志，也不佩肩章或臂章。官兵服装的区别仅在面料和口袋上，正排级及以上毛涤料，四个口袋；副排级及以下用布料制作，只有两个上口袋。女军人无裙装，也不戴无檐帽，军装式样同前文所述。陆军为一身橄榄绿，空军为上绿下蓝，海军为一身灰。由此，三军的制服领上衣自然是军便服（当年无礼服可言），而最典型的军绿色成为革命最彻底的服色，一时成为最受欢迎的服装。

20世纪60年代中期，警察的制服也开始全面仿制军服。在这以前，交通警察冬装为蓝大壳帽、蓝衣、蓝裤（裤外侧夹缝红布条），值勤交警上衣臂部套白色的长及肩头的套袖，夏装为白色大壳帽、白衣、蓝裤。警服仿制军服后，服色改为绿色，大壳帽改为圆顶布质解放帽，黑皮鞋则改为绿色胶布解放鞋。只是帽前依旧佩警徽，以区别于解放军的红五星。

将全民着军便服又推向一个新高潮的是三千万知识青年上山下乡。当年知青是一身军绿色服装，有军帽但无帽徽、领章，胸前一朵鲜红的大花，垂下的绢条上印着"光荣"两个字。1968年和1969年，被称作"老三届"的高、初中（1966届、1967届、1968届）毕业生开始集中上山下乡。知青们不仅自备军帽、军挎包，还要在"军挎"上郑重地绣上鲜红的"为人民服务"五个大字。军服已经普及，神秘感便转移到军服的真假之上，发展到极端时，马路上常有突然的"抢军帽"事件发生，当然这必是被识货的人看出是真军帽。

图9-2　着军便服的青年形象

"全民皆兵"的另一个重要内容是民兵操练，其中有一种运动是"拉练"，即"拉出去练一练"的模拟行军。这时，工人、知识分子和在校学生都以一身军装为荣，不穿军便服的穿蓝、灰色制服，但也戴绿军帽，背后一个打成井字格的行军背包，再斜背一个"军挎"和水壶，军挎包的带子上系一条白毛巾，脚穿胶鞋，一时成为城乡一景（图9-2、图9-3）。

三、时装的涌入与多元

20世纪70年代末，西方时装作为西方文化的一部分，随着现代科学技术涌入中国，于是，一系列领导服饰新潮流的时装给

图9-3　以一身军装为荣

古老中国带来异样的风采。

喇叭裤，也叫喇叭口裤。这是一种立裆短，臀部和大腿部剪裁紧瘦合体，而从膝盖以下逐渐放开裤管，使之呈喇叭状的一种长裤。喇叭裤原为水手服，将裤管加肥用以盖住胶靴口，避免海水和冲洗甲板的水灌入靴子，从1960年开始为美国颓废派服式，后于20世纪60年代末到70年代末在世界范围内流行。中国对外敞开大门时，恰值喇叭裤在欧美国家接近尾声但仍在流行的时候。中国青年几乎在一夜之间接受了喇叭裤并迅疾传遍全国。着喇叭裤时上衣须紧瘦合体，从而出现了A型着装形象，同时佩戴夸张的太阳镜（图9-4）。

真正的牛仔装应该是美国西部贩牛人和美国早期拓荒者的服装，包括棉格子布衬衫、印花大方帕、用印花皮装饰的厚跟靴子以及有穗饰的披巾、穗饰皮夹克。这些服装在欧美国家流行于20世纪60年代后期至70年代初。牛仔装自70年代末传入中国后，逐渐从时髦青年扩大到各阶层各年龄段。进入90年代后，不仅品种发展到短裙、短裤、背心、夹克、帽子、挎包、背包等，颜色也不再限于蓝色，还出现了水洗的薄面料。牛仔装作为时装历经半个多世纪魅力不减，这已成为时装界的一大奇迹（图9-5、图9-6）。

进入20世纪80年代中期，时装屡屡出新，上衣出现各种T恤、拼色夹克、花格衬衣等，穿西装打领带已开始成为郑重场合的着装，且为大多数"白领阶层"所接受。下装如筒裤、牛筋裤、萝卜裤、裙裤、美其裤（瘦而短至膝下）、裤裙、百褶裙、八片裙、西服裙、旗袍裙、太阳裙等时时变化。60年代时在世界范围内流行的

图9-4　喇叭裤　　　　图9-5　牛仔装（一）　　　　图9-6　牛仔装（二）

"迷你裙"（mini skirt），是以英文"袖珍"取名的，裙长只遮住臀，当80年代迷你裙再度风行时，中国已与世界潮流同步而行了（图9-7）。

80年代后期，宽松式服装的流行，使得毛织坎肩像短袖衫，夹克更是肩宽得近乎整体呈方形（图9-8）。

90年代初期，以往人们认定的套装秩序被打乱了。过去出门只可穿在外衣之内的毛衣，这时可以单穿而不罩外衣，堂而皇之地出入各种场合，这其中也与毛衣普遍宽松的前提有关（图9-9）。

90年代中期，巴黎出现夏日上街穿太阳裙，脚蹬高勒皮靴式黑纱面凉鞋的时装景象。这种过去在海滩上穿的连衣裙袒肩露背，肩上只有两条细带，作为时装出现时裙身肥大而且长及脚踝。几乎与此同时，全球时装趋势先是流行缩手装，即将衣袖加长，盖过手背；后又兴起露腰装乃至露脐装，上衣短小，露出腰间一圈肌肤（图9-10）。

图9-7　迷你裙与T恤　　　图9-8　宽松式毛衣

图9-9　反常规着装　　　图9-10　露脐装

90年代中后期，随着怀旧思潮一浪高过一浪，女性服装中带有男性化的宽肩和直腰身式已经过时，代之而起的是收紧腰身，重现女性的婀娜身姿和淑女仪态的服装。在青年中，由于女性衣装越来越合体，进而流行"小一号"。所谓小一号就是穿得比合体衣装的号码略小，即短而紧瘦。

20世纪末，中国文化与国际文化频繁地由撞击而趋同。当然，这时欧亚各国也开始悄悄地兴起中国服饰热，手工绣花、盘扣、立领对襟、弧形下摆以及蓝印花布，织有星星点点、小花小草的锦缎面料等富有中国传统文化风采的服饰元素，频频出现在具有前卫性质的时装上。中国年轻的姑娘们也开始在穿牛仔裤时，上身穿一件蓝色粗布的中式小袄。

四、军警服装

中华人民共和国成立伊始，中国人民解放军还穿着解放战争时的军服，头上是圆顶软帽，身上是制服领的黄布衣裤，膝下打着裹腿，脚蹬布鞋。左胸前有布质徽章，上写"中国人民解放军"。

中国人民解放军的诞生，应该是1927年"八一"南昌起义，从那至1949年，基本上是单一陆军体制。在抗日战争中后期，由中国共产党领导的鲁、苏、浙、闽、粤沿海各地的武装力量组成海上游击队。但是，直至1949年，才相继正式组建了海军和空军，如中国人民解放军海军就是1949年4月23日建立的，中国人民解放军空军于1949年11月11日成立。

中华人民共和国成立初期的军服已经仿照国际化标准来制作了，如志愿军的大壳帽。当然，在相当大程度上学习了苏联的军服式样和军衔制。如50式军服中有大壳帽，也有船形帽（图9-11）。同时，女军服有裙式，即连衣裙，腰间束带。

图9-11 中华人民共和国成立初期的
人民解放军服装

图9-12 国际化海军军服

最先参照国际上军服统一式样的是空军，1950年1月4日，中央军委批准的50式军服，海军已经是以蓝色和白色为基本颜色。海军战士已穿国际通用水兵服，即无檐大壳帽（水兵帽），帽后有两条黑色的飘带。披肩也是国际化的，只不过当时是三条白杠，而不像21世纪以后的四道白杠（图9-12）。

正式实行军衔制是1955年，这标志着中国人民解放军正规化建设全面启动了。体现在军服上的是55式。取消军衔制是1965年6月1日，因而65式军服是中央军委取消军衔制后的制式服装。关于这一时期的军警服装，前文"全民着军便服"中已经提及，这里不再赘述。可以着重关注的是，肩章去掉，领章为两面红旗。帽前军徽和警徽去掉，帽徽为红军时的红五角星，"海军蓝"则变成"海军灰"。74式海军军服又恢复了蓝白基调和水兵服样式。

中国改革开放后，军人与警察的服装与多彩民服同步升级，越来越考究，也越来越规范，规范的标准是参照国际化。显著例子就是海军战士恢复国际上的无檐白色大壳帽，帽后飘舞着两根黑色的飘带，飘带头上印着一个铁锚的图案。身着蓝白条的圆领衫，外罩带披肩的白色上衣。上衣放在蓝色裤子里，露出褐色的皮腰带。军官则是夏季一身白，秋、冬季一身蓝。

军服从原有的51式、55式、65式和74式，经过了一个历史时期的两个阶段。进入国际化时已是85式、87式、97式。1997年香港回归祖国，中央军委决定驻港部队要装备新式军服。这样，1997年7月1日，驻港部队就是穿着97式军服进驻香港的。1999年9月，又确立了99式军服。

迷彩服是作训服的主要形式。中国军服最早从87式引进迷彩服，先是四色迷彩，如适应各种环境的以黑、褐、白、黄色组成的沙漠迷彩服和黑、褐、绿、黄组成的四季通用迷彩服。随着城市巷战的增加，世界上许多国家又开始装备灰、白、黑等颜色构成的城市迷彩。中国则在海军迷彩服上应用了蓝、白、灰等颜色（图9-13）。

图9-13　中国人民解放军迷彩服

改革开放后警察换装，先是83式。警服完全改用了"将校呢"般的绿色，大壳帽，帽子沿圈有两道黄条，袖口也有两道。裤子外侧加红布牙子。有制服领，领章依然是两面红旗。同时有西服领，内穿白衬衣，扎红领带，领上有领花，左臂佩臂章。后来又微调，即西服领内浅绿衬衣、蓝领带。

99式警服在颜色上改动很大，完全与国际接轨，改为冬装一身藏蓝。藏蓝色大壳帽上有银色警徽和一圈装饰，警服上有领花、肩章，肩章上以条状、星状和麦穗状构成的警徽标志，分别标出警员、警司、警督和警监的分属几个级别。胸前还有金属质银色徽章和警察编号。臂章则佩在左臂外，整体图案为蓝色盾牌，上面绣着"中华人民共和国警察"。警员、警司与警督的衬衣是深灰色，领带为银灰色，领带端头也绣着徽章。警监是最高级别的"职称"，着白色衬衣、深蓝色领带（图9-14）。

图9-14　中华人民共和国警察99式警服
（右戴白帽罩者为交通警察）

第二节　西方引领时装潮

自从查尔斯·沃思开创了时装新世纪后，20世纪时装潮便是以时装设计师的作品来推演的。当然，这并不等于推动时装潮的人都是专业时装设计师。有些是演艺界名人，有些是政治名人，很多时候是由他们的爱好或偶然设计一件衣服，或偶然穿着一身配套服装，从而引起世人的兴趣以致流行开来。

从历史发展和社会现实的角度来看，每一个时期的时装流行趋势都是有其社会文化作背景的。即使从表面上看某一时装潮源于某一位设计师的作品，但实质上还是迎合了社会发展的需要。否则，逆社会而行，是难于推动其潮流的（图9-15~图9-18）。

一、新女性时装潮

20世纪的时装潮，在起始阶段明显是巴黎在起领头羊的作用。但是，很多国家的宫廷服装还在作为流行源头。工业文明的飞跃发展和社会宽容度的增大，使女性获得了较大的自由。一些衣食无忧的女性可以旅行、骑马、打高尔夫球，而且可以参加社会工作。这种新女性的现实导致了新女性服装风格的出现。这种服装最突出的特点是抛弃紧身胸衣，尽量使女性从束缚中解放出来。新女性服装中有

图9-15　公元1864年的外出服，重新兴起串珠装饰

图9-16　公元1885年的午后服，外裙有网状装饰

图9-17　公元1898年新艺术运动时期流行的S型女装形式

图9-18　公元1899年的男式女服，太阳伞和手包是重要佩饰

一个明显的倾向，即女装具有男服风格。这种风格在当年流行开来时，甚至英国女王、法国王后以及公爵夫人都被这种"两性服装"所吸引。因为它便于活动，如适宜骑自行车、打球等，因此成为极适合当时社会的一种服装风格。在此期间，也曾有美国的艺术家吉本孙设计过紧身、拖曳在地的长裙，因大胆显示女性形体线条之美而风靡一时。只是由于在走路时不方便，随后便被缩短裙身，直到被长及膝盖之下的女裙所取代，这种衣服，被人们唤作"散步女裙"。

由于汽车和快艇的出现，女性乘坐敞篷汽车和快艇出游成为时尚，这就为女装提出了新的要求。于是一种厚实的棉布——华达呢应运而生，它的组织较细棉布致密，便于挡风避雨，一时受到外出女士的欢迎。女服款式也发生了很大的变化，如衣领处收紧、裙摆用皮圈收紧等。

1914~1918年，第一次世界大战的炮火势必使服装产生变化。面对严酷的现实，人们首先考虑的是衣服要结实耐用、色深耐脏、穿着方便，适合于快速行动。装束的时髦性已退居次位。战争结束以后，女装发生了较大的变化。首先是战后需要建设，大批妇女参加了工作，她们在服装上更多地追求自由和舒适。在这种社会形势下，以服装来显示身份地位的功能已不重要，因而少女们强烈地表现出一种着装倾向，即摆脱传统，追求我行我素。

女裙进一步缩短，由踝部以上改为至小腿肚处，而且非常宽松。女装廓型呈直线，不再收紧腰部也不再夸大臀部。尤其是流行"男孩似的"风格，发型也随着减短。1920~1952年期间，女裙逐渐短到膝盖处，这被认为是最标准的式样。

第一次世界大战以后，美国好莱坞的电影明星代替了世纪初的歌剧演员。在时装流行上，广大女性开始按照影星的穿着来确立自己的追逐目标。这就迫使巴黎时装界不断推出自己的新式样，在众星闪耀中，女装的设计主调确立了——适用、简练、朴素、活泼而年轻。

20世纪30年代，女装"男孩似的"风格开始消失，直线被曲线所代替，女性身体的优美线条又重新显现。特别是晚礼服，后背袒露几乎至腰，无袖，腰和臀部都是紧裹的，有时在肩部还要饰以狭窄的缎带或硕大的人造花，至臀部展宽。美国发明了松紧带和针织女装，这种针织织物具有丝绸般的质感，拉链也已广泛地应用在女装上。

第二次世界大战以后，成衣开始普及，这与经济复苏关系至密。一方面，生产规模和生产技术不断扩大、提高；另一方面，企业之间的竞争更加激烈。这样，统一的、标准化、规格化的时装更加符合大家的着装需求。因为它既代表着先进的文明，同时又可增加鲜明的企业形象，职业装的大量应用就在这个时候。

20世纪40年代，"新外观"风格的女装引起轰动。在经历过战后紧张、劳累之后，妇女们急切地想摆脱掉简陋。这时，一种强调圆而柔软的肩部、丰满的胸部、纤细的腰肢以及适度夸大、展宽臀部的新外观女装应运而生（图9-19）。领导这一

图9-19 "新外观"

图9-20 玛丽·匡特的代表作

新潮流的是著名服装设计师迪奥。

二、舒适青春时装潮

20世纪50年代的女装更加趋向随意、舒适。这期间，除了出现腋部宽松，袖口收紧的"主教袖"以外，直立衣领重新出现。女裙仍到小腿肚中间，而且比较宽松。由于人们的生活更加丰富多彩，意识也更加无拘无束，这时工装裤开始流行。工装裤为女性所穿着，实际上说明了1850年李维·斯特劳斯所创造的牛仔裤至此已得到普遍的认同。

1954年前后，意大利风行结实的厚毛线衫，式样屡变，如高而紧的衣领、附加的兜帽、宽大的袖窿；色彩上更是时时更新，追求美而富丽。美国人在意大利毛衫的基础上，制作成晚礼服，上面还装饰以刺绣，缀上玻璃珠和小金属片。随着年轻女性革新意识的不断增强，姑娘们渴望一些新的服装和新的穿着效果，以显示与传统的不同。这时，有一种"青年女装运动"代表着新的思潮，如流行膝上裙或裙裤配高筒女靴的穿法，成为最时髦的装束。

20世纪60年代，玛丽·匡特女士设计的超短裙在美国受到了空前的欢迎。由于超短裙充满了旺盛的青春活力，所以盛行不衰。1966年，英国尼龙纺织协会生产了透明和半透明的衣料；1969年，姑娘们就在这种透明的女装上再饰以小圆金属片，或饰以小钟铃。与此同时，披肩发、束腰上装、紧身短裤和肥大的裤子等纷纷加入到潮流时装的行列之中（图9-20）。

20世纪70年代，服装的面料、款式、色彩更加丰富，人们的着装观念也更加肆无忌惮，女性的紧身短裤竟然穿到办公楼里。正规、严肃的着装意识正在受到冲击。这一时期，服装加工的自动化流水线已经应用多时，电子计算机也已开始用来计算衣料并裁剪服装，科学技术的飞跃发展使服装行业迈上了一个新台阶。

当这一切都在向顶尖技术发展的时候，人们开始厌倦了大规模生产的服装的单调乏味。怀旧思潮涌现，人们又开始留恋古典服装的优雅，追求手工工艺的质朴。就在这种情况下，人们意识的更新反映在服装上，女装又一次追求男性化，宽肩、直线条的女装重新在时装界风行开来。

三、"东方风"时装潮

进入20世纪80年代，时装设计进入多元化时期，随着人们观念的不断更新，题材的不断丰富，时装界越发地异彩纷呈，令人目不暇接。较为引人注目的是"东方风"和较为具体的"中国风"时装潮。1998年岁末，钟情于东方民族风情的约翰·加利亚诺从中国的绿军装上找到灵感，推出了"中国军服"系列。这一系列在用料上选取厚质的皱褶丝绸，色彩上采用大面积的军绿色及少量红色，形成夺目的对比。中国式的军帽及中式小袄的高领与弧形下摆，肥大的裤形，加上优美的设计与剪裁，创造出中西合璧的美妙的衣装境界。

由此而引发的东方热、民族风情顿时席卷国际时装舞台，克里斯汀·拉克鲁瓦、瓦伦蒂诺、哈姆内特、高田贤三纷纷以"民族"为主题抒写时装狂想曲。这些具有时代感的服装强调着时装的新异性、易变性与现实性。西方时装界崇尚的异域主题设计理念在大众间引起共鸣，并非一般的推销逻辑所能解释，通过对历史的回顾，发掘民间与民族服装并重新利用有价值的部分，使之成为时装新款的潜在主题。西方时装已将非西方的影响、传统和形式纳入自己的主流。这些新鲜而独特的服装已被证明是能够满足两种文化系统要求的。穿戴这些时装的包括亚洲的时髦妇女、生活在西方的亚洲妇女和醉心于东方文化的西方妇女。时装系统之间的相互往来在设计、着装习惯、经济方面构成了时装的工业环境，为时装带来更高的附加值。当然，它们之间相互依存的关系也说明，现代时装本身不仅已经国际化了，讨论时装的语言也被国际化了（图9-21、图9-22）。

图9-21 瓦伦蒂诺·加拉班尼的代表作

四、自然环保时装潮

进入20世纪90年代以来，欧美国家经济一直处于不景气状态，能源危机进一步加强了人们的环保意识。重新审视自我，保护人类的生存环境，资源回收与再利用等观念成为人们的共识。"回归自然，返璞归真"，在这种思潮的指引下，生态热不断升温，表现在现实生活中，当然也包括时装在内。各种自然色和未经人

图9-22 阿玛尼的代表作

为加工的本色原棉、原麻、生丝等织造的织物成为维护生态的最佳素材，代表未受污染的南半球热带丛林图案及强调地域性文化的北非、印加原住民、东南亚半岛等民族图案亦成新宠，另外，印有或织有植物、动物等纹样，甚至树皮纹路、粗糙起棱的面料都异常走俏。不仅如此，在服装造型上，人们又一次摒弃了传统对于服装的束缚，追求一种无拘无束的舒适感。休闲服、便装迅速普及，垫肩已明显过时，内衣外观化和"无内衣"现象愈演愈热……

伴随环保的热潮，人们的消费意识、审美观念有了很大的改变，凸显在时装领域上的，一是强调新简约主义的实用性与机能性，二是所谓"贫穷主义"时装的出现，它具体的表现形式有几种，如未完成状态的半成品：服装故意露着毛边，或强调成流苏装饰；以粗糙的线迹作为一种装饰手段，透着浓烈的原始味道；有意暴露服装的内部结构，具有后现代艺术的痕迹，这些都形成饶有趣味的设计点。又如旧物、废弃物的再利用：阿玛尼曾利用再生牛仔布制作服装，他从废弃的牛仔裤上找到灵感，把它们当作原料，捣碎至纤维状态，再梳理、织造成为新的牛仔布。原有的色彩被保留下来，染色已经成为多余的工序。靛蓝色星星点点、零零散散地洒在面料上，牛仔装那种随意、桀骜不驯的感觉油然而生。三宅一生在设计中采用本色面料并加皱做"旧"处理，缝制中用貌似粗糙的加工手段，制成类似"二手货"的外观式样。这种服装让人们领悟到时装与环保更深层次上的沟通。除此之外，仿皮毛及动物纹样的面料也十分流行，这显然是得益于人们对"保持生态平衡"观念的认知。

所谓时装潮，它必然具有潮水的特征，一次次地冲击着，涌起又落下；后浪推起前浪，构成服装史的江河。透过服装潮流，我们看到的也许是人类演化的轨迹，也许是政治风云的变幻，但无论从哪个角度，都不能忽视文化的影响，甚至包括自然科技在服装上的运用，都难以摆脱掉历史文化的制约。

第三节　时装设计大师

如果把设计过衣服与佩饰的人都统计起来，那恐怕会是一个天文数字。古来曾有无数人为设计服装倾注心血，但是很遗憾，历史并未留下他们的姓名。还有无数时装设计者，由于种种原因，其作品未能取得轰动效应。再有一些王公贵族，他们曾经领导过服装的新潮流，可是难以归为时装设计师之列。可以毫不夸张地说，近代乃至当代的服装史，有相当一部分页码是由他们填写的，他们的艺术风格与成就成为时装设计领域的楷模。

中西服装史（第2版）

在这里，只能选取国际时装界公认的、有独立个性和鲜明艺术风格、并对19世纪中叶至20世纪末乃至今日的世界时装设计做出重要贡献的几位设计大师，以使大家了解时装设计大师及其代表作品的精华部分。

一、查尔斯·弗雷德里克·沃思

查尔斯·弗雷德里克·沃思（Charles Frederick Worth，1825—1895）生于英国林肯郡的伯恩。他设计的服装总是与时代潮流相吻合，曾抛弃多余的褶边和花饰，把帽子推上额头，重新设计裙撑和腰垫，是西方服装史中第一个私人女装企业家，也是第一个来自民间的专业女装设计师。时装模特是沃思的创造。他的妻子玛丽亚就是他作品的第一个有意展示穿着者，同时也是世界上第一位真人时装模特。由于"他规定了巴黎时装的风格和趣味，同时在巴黎无可争辩地控制着世界上所有王室贵族和市民们服装的美好风格"（英国1895年《时代》杂志发表的评论），因此，从服装的意义上，19世纪被人们称为"沃思时代"。应该说，查尔斯·沃思是一位披着现代时装设计曙光出现在服装界的无可争议的大师（图9-23～图9-25）。

图9-23 查尔斯·弗雷德里克·沃思　　图9-24 沃思的代表作之一　　图9-25 沃思的代表作之二

二、珍妮·朗万

珍妮·朗万（Jeanne Lanvin，1867—1946）生于法国的布列塔尼。她最初设计帽子，受到顾客喜爱。设计时装时重视装饰效果，强调浪漫气息，她所展示的袒领、无袖、直廓型的连衣裙，再配上绢花和缎带，使女性穿起来仪态万方（图9-26～图9-28）。

图9-26 珍妮·朗万

图9-27 珍妮·朗万的
代表作之一

图9-28 珍妮·朗万的
代表作之二

图9-29 路易·威登

三、路易·威登

路易·威登（Louis Vuitton，生卒年月不详）19世纪中期生于法国乡村一个木匠家庭。青年时期的他曾是一名出色的捆衣工，后来他的兴趣逐渐转向箱包的设计与制作。路易·威登箱包上著名的"LV"标志和特有的花型所构成的独特质料是于1896年由路易·威登的儿子乔治·威登发明并设计的，至今已有百余年历史。在这漫长的岁月里，世界已发生了很大的变化，人们所追求的时尚和审美情趣也很难预料。但是路易·威登的箱包以其实用、精致、质量上乘始终受到时尚人士的青睐，从此使它成为世界箱包界的经典（图9-29、图9-30）。

四、可可·夏奈尔

可可·夏奈尔（Coco Chanel，1883—1971）原名布里埃尔·邦思·夏奈尔，生于法国索米尔。1920年，夏奈尔根据水手的喇叭裤，设计出女子宽松裤。两年后，又设计出休闲味道浓郁、肥大的海滨宽松裤。整个20世纪20年代，夏奈尔接二连三地构思出一个又一个流行式样：花呢裙配毛绒衫和珍珠项链；粗呢水手服和雨衣改成的时新服装；小黑衣套装镶边、贴袋的无领羊毛衫配一条齐膝短呢裙……她当时的创新还有黑色

图9-30 LV皮包

大蝴蝶结、运动夹克上镀金纽扣、后系带凉鞋、带链子的手提包和钱包。她对珠宝业也有较大的影响，推出的花呢时装上经常挂着成串的珠饰。由于夏奈尔设计时装追求实用，因而推动了服装设计新概念，因此她本人的装束常引起时装流行。据说有一次，夏奈尔借穿情人的马球套衫、束腰卷袖后竟形成了风靡一时的"夏奈尔时装"。她因火苗灼伤头发而剪成的新型短发，也成了20世纪20年代流行的柏卜短发型（图9-31~图9-33）。

图9-31　可可·夏奈尔　　　图9-32　夏奈尔的代表作　　　图9-33　夏奈尔的代表作
　　　　　　　　　　　　　　　　　　之一　　　　　　　　　　　之二

五、克里斯汀·迪奥

克里斯汀·迪奥（Christian Dior，1905—1957）出生于法国的格兰维耶。迪奥所设计的裙子，常在裙上打褶并制成一定的褶皱状，或者用各种颜色的布镶拼；有时还缝上长条的绢网，使之产生丰满感；各种各样的帽子侧戴头上，再配以硬高领的上装。1947年，迪奥推出的"花冠线条"轰动了时装界，被誉为"新风貌"。1952年，迪奥设计的三件套——羊毛夹克、线条简洁的帽子和柔软淡雅的绉绸短裙，多年来一直成为时装设计的样板。自从20世纪50年代迪奥在脖子上挂一串珍珠项链作为时装的佩饰介绍给妇女们以来，这种穿戴方式一直被妇女们仿效。他的线条设计和整体结构设计优美绝伦，几十年来一直影响着妇女和其他服装设计师们。他享有"流行之神"的美誉，不仅因为他的时装设计创造了一个"迪奥时代"，而且他所开发的香水、皮包、领带等也成为这一时代的流行时尚。同时，他还是一位成功的老师，培养出了伊夫·圣·洛朗和皮尔·卡丹等在世界上享有盛名的时装设计师（图9-34~图9-36）。

六、皮尔·卡丹

皮尔·卡丹（Pierre Cardin，1922—　）出生于意大利威尼斯附近的桑比亚吉

图9-34 克里斯汀·迪奥

图9-35 迪奥的代表作之一

图9-36 迪奥的代表作之二

蒂卡拉塔。他设计的剪片装、太阳式外套以及他常用的镶饰大口袋，对时装的发展产生过巨大的影响。1964年，卡丹设计的由编织短上衣、紧身皮裤、头盔及蝙蝠式跳伞服组成的时装系列，被冠为"宇宙时代服装"。卡丹的设计洗练简洁，构思大胆，轮廓线常呈不规则形或不对称形。其本人是一位难得的颇具理性思维的时装设计师。皮尔·卡丹对中国文化有着深深的热爱之情，他不仅很早来到中国举办时装展，而且受天安门上翘的屋檐造型启发，设计出"宝塔风貌"的宽肩时装。1977年、1979年、1982年，卡丹三次获得了时装界至高无上的荣誉——金顶针奖（图9-37~图9-39）。

图9-37 皮尔·卡丹

图9-38 皮尔·卡丹的
代表作之一

图9-39 皮尔·卡丹的
代表作之二

七、玛丽·匡特

玛丽·匡特（Mary Quant，1934—　）生于英国伦敦。匡特的风格完全属于20世纪60年代——明快、简洁、和谐，是英国青年时装的概括。她推出的迷你裙、彩色紧身衣裤、肋条装、低束新潮皮带等曾经风靡一时。另外，她还发明了用PVC制成的"湿性"系列服装和短至腰部的无袖女上装。她的设计没有明显的年龄和层次差异，设计的范围也从内衣、袜子一直到四季流行的各种服装（图9-40、图9-41）。

图9-40　玛丽·匡特

图9-41　玛丽·匡特的代表作

八、乔治·阿玛尼

乔治·阿玛尼（Giorgio Armani，1934—　）生于意大利皮亚琴察。他始终保持着一种简朴风格。1982年，他以设计简约的裙裤，造成了令人瞩目的影响。他以垫肩为道具，使女装肩部宽大挺括，从而在20世纪80年代，创造出一个全新的宽肩时代。阿玛尼钟情褐灰、米灰、黑灰等沉稳的颜色风格，并使风格不断变化，不断更新（图9-42~图9-44）。

图9-42　乔治·阿玛尼

图9-43　阿玛尼的代表作之一

图9-44　阿玛尼的代表作之二

九、伊夫·圣·洛朗

伊夫·圣·洛朗（Yves Saint Laurent，1936—2008）出生于阿尔及利亚。洛朗17岁时曾参加了由国际羊毛秘书协会主办的服装设计比赛，他以独特的设计荣获一等奖。1963~1971年，洛朗的作品年年都会对时装界造成影响，其中不乏成功之作。20世纪70年代，他设计的一套最著名的时装，被称为哥萨克式或俄罗斯式农装，包括宽松长裙、紧身胸衣和靴子。时装表演使他设计的围巾和披巾成为永久的时髦。洛朗的时装剪裁严谨、娴熟。1970年推出的行政妇女理想服饰，既随意又显得风度翩翩，同时显示出时代的情感。由于洛朗的设计作品中，色彩、纹饰极富艺术性，特别是创意新款，往往为他人所不及，因而洛朗被人们誉为整个时装新时代之父。在他成功的道路上，克里斯汀·迪奥给了他至关重要的帮助（图9-45~图9-47）。

图9-45 伊夫·圣·洛朗　　图9-46 圣·洛朗的代表作之一　　图9-47 圣·洛朗的代表作之二

十、维维安·维斯特伍德

维维安·维斯特伍德（Vivienne Westwood，1941—　）她的时装设计充满叛逆风格。20世纪70年代中期，与马尔科姆·马克拉伦携手创作出"朋克风貌"的时装。1981年又推出"海盗服"，再后接着是"美洲先驱"。以其怪诞、荒谬的形式，赢得了西方颓废青年的欢迎。尽管人们对维斯特伍德的作品评价不一，但是她的作品一次次冲击着世界时装界。从这一点来看，所谓奇装异服正是服装发展所需要的新鲜空气与营养（图9-48~图9-50）。

图9-48 "朋克教母"维维安·　　图9-49 维斯特伍德的　　图9-50 维斯特伍德的
维斯特伍德　　　　　　　代表作之一　　　　　作品代表作之二

纵观世界著名时装设计大师的生平和成绩，就会发现为时装艺术做出卓越贡献的设计师，活动年代多集中始于19世纪末和20世纪。其出生地和造成巨大影响的地点主要在欧洲和美洲，特别是法、英、美、意等国。这与时装的发展和时装中心的确立是一致的。20世纪80年代以前，世界服装业的蓬勃发展主要在法国巴黎和英国伦敦。80年代后，对世界服装发展起到重要作用的几个时装之都才逐渐显现出来，但仍以欧洲为主。说20世纪是时装的成长、成熟乃至高峰时期，实不为过。

第四节　时装设计中心

20世纪，时装的盛行形成高潮，不断涌现出来的时装设计师竞相推出自己的得意之作。各设计师以及由同一风格设计师构成的设计流派活跃在时装设计界。时装，正在形成几个中心，或者称策源地。世界公认的几个时装设计中心，首推巴黎，与其基本齐名的有纽约、米兰、伦敦。下面论及的主要属于西方区域范畴的四个时装中心。

一、巴黎

法国首都巴黎成为时装中心是有其雄厚基础的。早在15世纪，法国在地理上就成了西班牙艺术和意大利艺术的汇合点。加之法国人爱好奢华、喜欢时髦、崇尚浪漫、钟情艺术的天性，这些都易于构成时装的舞台。

从历史上来看，法国路易十四、路易十五及其贵族们早就有在服装上追求骄奢的传统，法国宫廷服装曾为欧洲其他国家的贵族所崇拜并追随。而且古来宫廷极尽享乐的贵族人生哲学在法国恰恰表现在服装上。法国在欧洲的经济地位，于17世纪时曾居前列，法国的纺织工业也是辉煌一时，高质量多品种的衣料以及各种服装配件誉满欧洲市场。同时，通往东方的贸易，又使包括中国丝绸在内的东方织物涌入法国，这些无疑都是重要的经济基础。

巴黎不仅是法国的政治、经济、文化中心，而且是在欧洲举足轻重的一个文化都市。很多有作为的画家、建筑设计师、雕刻工艺师云集在这里，实际上造成了一种吸引有才华艺术家的特定环境。与此同时，巴黎的音乐、舞蹈、服装艺术蓬勃发展，这些自然为巴黎成为时装中心创造了艺术和技术的条件。

二、纽约

在美国纽约曼哈顿岛的第七大道旁矗立着这样一座造型奇特的塑像：一根比碗

口粗、长十几米的银色缝衣针穿过一个巨大的纽扣，针尖指向地面。在离它不远的地方，是另一座一人多高的雕像，它展现的是一位头戴犹太小帽，端坐在缝纫机旁全神贯注地缝制衣物的制衣工人。这两座雕塑不仅是纽约时装区的标志性雕塑，更折射出纽约从制衣业起步，逐渐跻身于世界时装之都的历史。美国跻身于时装中心之列，是源于1800年波士顿出现成衣业，1864年发明了缝纫机，1850年发明了硬领，1863年发明了裁剪纸型……但是这些还远远不能引起西方时髦人士的关注。美国的淑女名媛们始终将注意力放在巴黎时装上，甚至每年要花巨资去巴黎选购时装。这种状况一直延续到第二次世界大战。

20世纪20~30年代，由于战争使巴黎与外界断绝了联系，这才使美国的一批有实力的时装设计师得以显露才华。1941年，纽约举办了一次隆重的时装表演盛会。这时候，能够体现美国本土文化的自由随意的"加州式便装"引起了人们的关注。在经过一段时间的艰苦摸索之后，美国时装业才从黑暗中走出来，确定并稳固了属于美国的服装风格——简洁、实用。纽约在世界时装界的地位也从此确立，成为生产成衣的中心、美国的服装重镇。

三、米兰

意大利是个有着悠久历史文化的国家，文艺复兴的光辉使意大利始终光芒四射。这样说来，意大利米兰成为时装设计中心，有它坚固的艺术基础。米兰是意大利仅次于罗马的第二大城市，人口数量约200万，位于北部的波河平原中心，是一座现代化的工业城，更是商业、艺术与设计的中心。作为世界主流时尚都市，世界时装业中心之一，其时装享誉全球，而它的纤维制造业也十分兴盛，丝纺织业颇负盛名。世界著名的米兰时装周每年都会展示世界顶级设计师及著名品牌的服装作品，发布世界时装流行趋势。

世界时装名城中米兰崛起最晚，却独占鳌头，对巴黎的霸主位置构成了最大的威胁。米兰设计师所做出的努力并取得的极大成功，使世人惊叹，被誉为奇迹。20世纪中后期，位于意大利的时装设计师们充分发挥其创造力和创新精神，因而使得米兰充满活力。米兰时装通常偏重于设计干净利落的日常装，把盈利性和创造性结合得极尽完美，设计师以理性的手法，为时装界开发出新的领域。世界共有八大设计公司，意大利占了五个，其余三个在法国。巨大的实力、潜力和惊人的发展趋势，使得米兰能够与巴黎齐名。

四、伦敦

工业革命从英国起始，是英国最早发明并应用了纺织机。虽然从时装中心的位置上来看，英国不如法国、意大利驰名，但时装之父查尔斯·沃思是英国人。沃思的时装生涯主要在巴黎，但沃思永远是英国的骄傲。另外，伦敦的男装以其庄重优雅而享誉世界，这也形成伦敦的特色。而且以迷你裙在世界时装界造成影响的玛丽·匡特也是生于伦敦，这些无疑都成为伦敦时尚界的名片。

第五节　西方19、20世纪军戎服装

一、头盔

第一次世界大战时，法国那些戴着白手套的军官们依然神情安详地走在队伍前列，和他们的士兵一起被弹片和机枪子弹如兔子般打翻在地，这都是史实。当年在奥斯特里兹战役中大放光彩的法军重装骑兵（胸甲骑兵），仍是从上到下一丝不苟：深蓝色的军装上衣，肩章上装饰着银线流苏，胸甲上带有红色饰边，红色马裤和锃亮的黑色马靴，更不必提那帅气的银色头盔，上面垂下长长的马尾，在风中飘动煞是好看。只是，在耀眼的阳光下，鲜明的反光不可避免会令敌方更利于瞄准。作为对光荣传统和现实环境的折中，一些法国胸甲骑兵不得不用咔叽布将闪亮的头盔严严实实地遮起来，变成了一个有着奇怪外形的东西，如果再看到那条马尾，似乎是一头误装在口袋中的小动物。

在18世纪到20世纪初，只有像法国胸甲骑兵那样的部队还保留着礼仪性质大于实用价值的头盔。这一切在第一次世界大战战场上遭遇了尴尬，大口径、远射程的榴弹炮开始普及，横飞的弹片给身处堑壕中的双方士兵都带来了巨大的伤亡。面对这种情况，法军于1915年首先列装了由奥古斯特·路易斯·艾德里安设计的头盔，可以按设计者的名字称为艾德里安头盔，也可以按列装日期称为M1915式头盔。关于这种头盔的来历一直存在一个未经证实的故事，一名法国炊事兵在遭遇炮击时将炒菜铁锅扣在头上，弹片打在铁锅上纷纷弹落或滑开，后来艾德里安根据这个消息设计出了第一顶头盔。这个故事的娱乐性可能大过真实性，因为这顶头盔的造型更多借鉴了同时期法国消防队专用钢盔的造型，保留了古代头盔的部分造型特点，中间竖起一道高脊，盔檐曲线富于变化，充分体现了法国人的美学观念，而根本看不出对炒菜锅造型的继承性。如果说谁更可能根据炒菜锅设计头盔，那非"一战"时的英国人莫属。英国于1916年装备的MK头盔，也称为托尼头盔，造型扁而平，酷似炒菜锅。对头部的遮护面积远小于法国M1915式头盔，与后来兴起的德国M1935式头盔更无法比拟，但设计者认为这种宽且平的外形容易使子弹打滑，且较宽的盔檐也有利于挡雨，这显然与英国殖民地多，作战环境不一有关（图9-51）。"一战"

期间现代头盔的出现并非是人们重新发现了防护头部的必要性，而是现代冶金工业已经可以提供韧性硬度俱佳的钢材，其例证就是"一战"的主要参战国之一——沙皇俄国就没有装备头盔，主要就是因为俄国冶金技术落后，制成的头盔硬度有余韧性不够，容易碎裂。为了实现防护炮弹破片的目的，现代头盔内部加上了悬挂系统，可以抵消撞击力。直到今天发展成质

图9-51　英国MK2型头盔

量轻、防弹效能好的凯夫拉头盔，大家不应忘记这些最早都是由一个或一群法国人创造的。

二、军衔与军服

工业革命后，欧洲兵种日益增多，规模日益扩大的普鲁士军队，对军服军衔的标注工作极为重视。按照服饰军事学的理论，军衔是军队纵向标示体系不断完善的必然产物。军衔制则是欧洲军事领域文艺复兴以来，封建雇佣兵制度崩溃和普通义务兵役制度建立的直接产物，只有正规化的常备军才具有实施军衔制的基础。军衔制不但顺应了军政分开的历史大趋势，并直接推动和加速了这一趋势，军人不再沿用贵族等级（欧洲），也不再沿用于文官级别（中国），开始使用适应军事需要的等级体制。

对于军服的纵向标示体系来说，军衔制带来了根本性的变革，一方面是形式上的，即军衔制使军人纵向级别更为丰富，一般来说达到5或6等（多为帅、将、校、尉、军士、兵，有的更多），二十余级。这样一来，无论是使用单一元素还是综合元素，都不能适应如此之多的级别，如果强行使用会给识别者带来巨大困难。因此，与军衔制相匹配的军服标示系统必须作根本性改变，要在军队纵向级别大幅增加的情况下，使其他军人能在最短时间内、毫无歧义地辨识另一个军人的级别，以决定是否听从其命令或是否向其敬礼，这就需要给观察者设定一个有助于根据视觉形象选取记忆路径的办法，把问题分解，使复杂的问题简单化。其解决手段就是选取数量有限的元素，进行分级设置和循环设置。比较常见的图案元素是线和星，比较普遍的一种做法就是先根据一到三条线来确定处于尉、校、将中的哪一等，然后再根据一到三颗星确定是少、中、大的哪一级，同时辅之以色彩、材质、图案尺寸等元素，这就是标示元素复合运用的第一层意义。标示元素复合运用的第二层意义是纵向与横向的结合，即纵向标示符号本身在标示级别的同时也具有标示横向位置（单位）的意义。这也是这一时期军队各兵种制服差异明显的原因。

三、海军军服

基于在陆地上一度所向无敌的经验和记忆，欧洲没有大航海传统的国家在建设海军时不可避免照搬了很多陆军行之有效的经验，比如在管理、组织和装备采购方面。但是，作为一个从未真正意义上涉足大海的民族，深海，那一片蔚蓝色的、充满太多未知的深海，有财富，更有险恶。因此，在海军官兵的培养上，德国更多是向当时的海上霸主英国学习。海军官兵的军服也是如此。从1848年普鲁士初创海军开始，在制服上借鉴甚至是模仿英国同期制服的工作就已开始。这不但是因为英国海军的名气使人们盲目模仿，还因为的确在很大程度上，在大海上搏杀了数个世纪之久的英国人最了解什么服装适合海上作业。毕竟，海上作业有其特殊性，首先是风大浪急，本来海风较陆地上的同级风就更为凛冽，而蒸汽机的大规模使用和发展使得舰船这样的作战平台移动速度更快，远非风帆时代所能及，这就对海军官兵服装的抗风性提出了很高要求。德国海军军官制服均为大翻领，在与同时期的民服大体相近的情况下开口更小。使用双排扣的大开襟样式使海上人员能更好抵御海风侵袭。这种军官制服上下衣都是蓝色，军官内穿硬翻领白衬衫，打黑色领结。不少军官将勋章挂在衬衣领口上。两个袖口有军衔的标志，当然也有以肩章形式体现的军衔标志，军服左臂上还有一个帝国王冠的标志。蓝色的大檐帽有黑色马海毛帽圈和皮革帽带，帽徽较为复杂，中间是一枚帝王徽章，两侧是橡树叶，上部是一顶王冠。军官一般穿黑色皮鞋，普鲁士陆军军官引以为豪的长筒马靴在海上是没有用武之地的，不但因为长筒靴笨重，一旦落水难于挣脱，而且外露的靴筒在遇浪时还会进水（图9-52）。

海军便服一般是一顶无檐帽、一件套头衫和宽大的水兵裤，颜色根据季节变化有蓝白之分。尽管简单，但是这一身水兵服却包含了各个国家十几代海军官兵的经验教训。首先无檐帽较轻便，没有帽檐不易兜风，套头衫不用系扣，同样带有抵御海风的因素，同时海军容易遇到夜里紧急集合的情况，套头衫更适合快速反应。当然套头衫难免显得不够挺括，这就需要用军礼服来弥补。水兵裤宽大也有落水后易于挣脱的考虑，同时海军经常要攀爬桅杆，需要裤装较陆地上宽大。19世纪与20世纪之交的德国海军对军鞋

图9-52 "一战"时期德国海军军官

不甚讲究，在图片上可以看到部分海军官兵穿着类似帆布胶鞋的军鞋，不少海军干脆赤足，这在现代军舰上是不可想象的。但是在当时的军舰上，普遍采用木材铺设甲板，德国军工制造一贯秉承高标准，军舰甲板全部采用多年的柚木。后来在打捞两次世界大战中战沉的德国军舰时发现，钢材已经腐朽成齑粉，但柚木甲板却还像刚铺设时一般坚硬致密。在这样的甲板上作业，赤脚也不失为一个好选择（图9-53）。

四、装甲兵军服

自从被称为"水柜"的坦克最早在"一战"康布雷战场上出现，这种行动虽然迟缓，却在火力、机动性和防护性等方面具有突破性的作战武器就引起了很多人的重视，被认为是打破战场僵局的利器。1935年，为了塑造装甲兵作为一个新军种所应该具有的新形象和新精神，德国陆军为装甲兵设计了一种上下分体的黑色制服，上衣非常短小，裤子则十分宽松肥大，既有利于通风散热又不妨碍运动（图9-54）。

在两次世界大战中，苏联军队坦克手的军服也引起了德国人的兴趣。苏军坦克手大多着一件帆布材质的土黄色连体服，气候寒冷时里面还穿立领猎装式军用上衣和军裤，天热时甚至可以在内衣裤外直接穿用。这种帆布连体服除土黄外还有黑、蓝、灰等多种颜色。这身衣服尽管式样简陋，没有任何标识，但坚固耐脏，实用性强。坦克内空间狭窄局促，可能勾挂衣服的凸出部件较多，而且存在火炮炮尾、弹壳等灼热物，身着连体作战服可以避免勾挂和烫伤腰部，给坦克手全身提供周密的保护。连体服另一个最大的优点在于充分考虑了乘员在战场的救援和逃生，众所周知，坦克内空间狭窄，乘员必须通过上部的舱盖进出。当坦克中弹时，内部成员往往会昏迷、受伤，这时外部人员只要抓住内部成员连体服的衣领或肩带，就可将该乘员拉出坦克。这是德军时髦威武的黑色分体服做不到的。基于此，德国国防军和党卫军的装甲部队很快也仿效苏军装备了类似形制的连体服。

图9-53 "一战"时期德国海军

图9-54 德国早期装甲兵分体制服

五、迷彩服

世人皆知的是，德国纳粹武装党卫军是迷彩服的发明者，但武装党卫军研制和装备迷彩服的动因却十分复杂，在这里不多论述，重要的是，在战场之外，党卫军更有意义的革新就是服装，由于强调快速突击，士兵的隐蔽性就显得十分重要，这和需要大兵团正面展开的陆军截然不同。所以从一开始斯坦因纳就要求用伪装服代替陆军军服。早在"一战"期间德国突击队就采用了在头盔上绘出伪装图案的方法来隐蔽自己，党卫军则将这一细节进一步发扬光大，以致成为迷彩服的鼻祖。迷彩制服的研发计划从"二战"爆发前就展开了，当时武装党卫军的规模还很小，这一项目领导者是席克教授，他领导他的研究小组设计制造出了由33%人造纤维和67%棉线混纺制成的高质量棉帆布（缩写为HBT）。在克服了印花、合适的迷彩图案数量等难题后，党卫军开始为步兵部队配发迷彩罩衣和迷彩钢盔罩。

从严格的意义上说，迷彩并不是新生事物，因为迷彩一共可分三种，有单色的保护迷彩，这已经在世界各国的绿色、白色、原野灰色军服上广泛使用；另一种是仿造迷彩，是与背景颜色相近的多色迷彩，多适于伪装陆地上的固定目标；最后是变形迷彩，主要是由形状不规则的几种大斑点组成的多色迷彩，以歪曲目标外形，武装党卫军最先发明并装备的就是变形迷彩服。武装党卫军使用的变形迷彩图案一共出现过四种不同的图案：橡树叶、悬铃桐（法国梧桐）、棕榈叶（一称边缘模糊）、豌豆，以适应不同的作战环境。在武装党卫军的启迪下，苏联红军也开始为狙击手配发迷彩服，德国空军野战部队则为战士配发了树叶碎片图案的野战大衣。世界大战终于结束，但迷彩服却在"二战"后为世界各国军队普遍装备，并随着战争技术条件的变化开发出了更多的品种，不断焕发新的生命力。

延展阅读：服装文化故事

1. 大胡子与假发

在法国路易十三时代，男人的头发讲究长，而胡子时兴短。谁再留着大胡子，哪怕是位英雄，也被认为是前朝风范。到路易十四时，留胡子的规定被彻底取消了。长头发则以假发的形式一直流行到19世纪。至21世纪，英国法官们出庭时还要佩戴假发，这时它已成为一种职业的象征。

2. 王冠就是最高权力

1592年，莎士比亚创作的戏剧作品《亨利四世》中，写到亨利四世从战场上归来后，生病累倒在了床上，其陪同父王征战的长子始终守候身旁。他怕王冠影响了父王的翻身，随手拿起来，又因两手干别的活儿而将王冠戴在了自己头上。亨利四世醒来看到后非常恼火，因为王冠代表着统治一个国家的最高权力。后来，终因父子之间的相互信任与真诚的亲情，解消了一场误会。亨利五世就是这位长子。

3. 拼命束紧的细腰

在美国作家米切尔的小说《飘》中，女主人公斯佳丽为了能赢得心上人阿什利的爱，在一次宴会前拼命打扮自己，包括以紧身胸衣来使自己更美。后来改编成电影《乱世佳人》后，这一被黑妈妈紧紧拽住紧身褡、使劲儿将腰肢束得越加纤细的一幕被生动地搬上银幕。

4. 骇人的"比基尼"泳衣

1946年7月5日，法国舞女贝尔纳迪穿着新式三点泳衣参加时装表演，照片一经公布便引起举世哗然，其冲击的威力不亚于美国刚刚在太平洋小岛"比基尼"引爆的原子弹。于是，这种由法国设计师路易·雷尔德设计的泳衣就被称为比基尼了。时隔四五十年后，这种泳衣在中国等东方国家才被接受。

5. 西方古来禁止女人穿裤

20世纪初期，西方还禁止女子穿着男性服装。绅士们认为，历史上的哥特人和高卢人女性穿裤，因为她们是野蛮民族，而欧洲上层社会的女子是绝对不能穿男装的。第二次世界大战后，女子也需要像男子一样出来工作了，尤其是重建家园等一系列重体力劳动，这样才认可了女人穿裤子。当时，一位大胆的美国影星玛琳·黛德丽率先穿起像男人一样的裤子。于是，时髦兴起了。

课后练习题

1. 论述20世纪后半叶中国服装发展的特点。
2. 论述20世纪西方服装发展的特点。
3. 时装流行的本质是什么？有什么意义？

第十讲　服装网络化时代

人类历史进入21世纪，社会上发生了翻天覆地的变化。移动互联的出现，彻底改变了全球，特别是随着网络在全世界的普及，至21世纪的第二个十年，大家都在主动或被动之间，被裹挟着进入了智能时代。

由于网络遍及全球，通信时间大大缩短，信息传递更加便捷了。只要食指一动，便可知晓天下。与此同时，航空事业的飞速发展和高铁的迅疾通达，确实让人们感觉到地球"缩小"了。一方面，想得到什么信息，随时就可以在手机上查；另一方面，想去什么地方，交通设施也很先进，有的"瞬时"便可到达。这一切听起来都很美妙，可是摆在人们面前的事实是，生活半径大了，不是所有事都可以在网络上解决。信息接收多了，而且杂乱得令人应接不暇，思维和逻辑来不及充分酝酿和考虑，所以成了碎片化。由此而带来的是社会节奏太快了，快得令人静不下心来，以至于很少人还会有诗意的享受。

从积极角度上看，社会的进步太快，太惊人，让人感受到迅雷不及掩耳之势。从不怎么积极的角度来看，由于发展的瞬息万变，也会带来一些来不及解决而引起的困惑。任何事物都有正反两方面，服装必然也会出现一些新的现象。我们这里说的不是服装本身的质料、款式与色彩，而是服装所涉及的所有意识和事物。如着装者的意识、设计者的作为、销售者的手段以及时装界的无权威、无中心、无规律。原来人们所说的后现代思想及表现，都在21世纪的服装上体现出来了。说得更准确些，是服装文化。

第一节　中西时装趋于同步

21世纪，世界服装的演变及发展，已经进入到以迅捷为特征的网络化时代。随着社会的进步、经济的发展、国际文化交流的不断加深，尤其是历史时钟的指针指向新纪元，我们惊诧在当代时装潮流中，已汇聚了太多的各民族服装文化元素，就像探险家走近一条大河的源头时，却发现了数不清的涓涓细流……人类之所以创造出服装，

图10-1 女性穿着
牛仔裤

图10-2 维斯特伍德
设计的作品

图10-3 范思哲设计
的作品

图10-4 圣·洛朗的
"中国风"系列时装之一

而且服装之所以绚丽多彩，再加之人的着装方式五花八门，这些都在揭示一个道理，就是人在着装过程中总在寻求一种价值，同时又在共同的前提下去寻求差异。这是从自然的人与社会的人的角度考虑现实世界中服装网络化的速度与融合特征，或许这也正是"时装"得以生生不息和愈加兴旺的根本原因（图10-1~图10-3）。

2000年左右，东方风在西方T台上吹得正劲。一时间，东方的水墨弹裙、中国的"龙"、"凤"字样，印度的碎花棉布裙、日本的山水亭阁图案，纷纷登上西方时装界。这样一股从20世纪90年代兴起的"东方风"愈益引发出人们对自然的热爱，或许这是因为当时西方科技发展多年，人们已经厌倦了水泥柱与电子产品，渴望吸收到别国尚存的自然芳香。而中国人先是崇尚"太空人"类的现代时装，很快就想寻回原有的自然田野之风了（图10-4、图10-5）。

图10-5 保罗·戈尔捷设计
的作品

21世纪初，女装婴儿化风气遍及西方，这时由于电视屏幕和网络信息的缘故，几乎是同时影响到世界各国。中国女青年纷纷扮"萌"，这时已丝毫不逊于西方了。早在20世纪60年代时，美国服装学著作中曾经有一段心理学家赫洛克的话，她说"那些少女化的祖母们也留着短短的头发，穿着长及膝上的短裙，不进入专为老年妇女准备的商店，而是时常光顾少女们喜欢的精品屋和玩具店"，那么这一次更为彻底了。社会宽容度足以让五十几岁就退休、有退休金同时又无工作所累的中老年妇女们尽情穿着了。当然，服装潮流先锋仍是中西方的年轻女性，她们穿着婴儿般的打扮，显得无拘无束（图10-6~图10-8）。

波希米亚风可谓迟迟不去又几度轮回，仅在21世

图10-6 女装婴儿化

图10-7 成年女性钱包也用卡通形象

图10-8 女童装亦趋成人化

纪的初起十八年中，就有三四次兴起。皮条流苏，长裙及地，一层一层的皱褶，极力塑造出游牧民族的服装样式，是不是在都市和工业文明中过久了现代的生活，人们又强烈地想回到那自由自在的草原，享受蓝天白云与清新的空气呢？按地区解释，波希米亚是捷克地区名，原是日耳曼语对于捷克的称谓。狭义是指今南北摩拉维亚州以外的捷克。世界上的游荡民族吉普赛人源起于印度北部，但长时间聚居在波希米亚。维克多·雨果在《巴黎圣母院》里，将美丽的吉普赛女郎称为"茨冈人"，这是因为东欧和意大利人习惯这样称呼。书中也叫"波希米亚姑娘"，这就是法国人的习惯了。英国人习惯称其为"吉普赛"。后来，这几种说法都成了流浪民族的同义语了（图10-9~图10-11）。

图10-9 波希米亚风屡屡刮起

2002年以后，日常着装中的皮条流苏、皱褶袖口、方格裙子、斜挎腰带、大背包、小皮靴等，在西方乃至中国诸多城市中久久不衰。我们可以将其看成是现代西方青年继20世纪60年代"嬉皮士"、80年代"朋克"之后又一次对传统和现代社会的反叛。这种潮流席卷着中西方，人们都试图在服装上表现出一股野性的狂放意味。

与此同时，中性装越来越普及，也是社会发展使然。这种人人一身牛仔装的打扮应该说从20世纪80

图10-10 城市人向往游牧风之一

图10-11 城市人向
往游牧风之二

图10-12 流行的中性
装之一

图10-13 流行的中性
装之二

图10-14 不仅露脐，
而且内衣外穿

年代起就在中西方城市中时兴起来，进入21世纪后只能说更甚而已。女青年一身破衣烂衫，穿着左一个洞、右散着边的半白半蓝的牛仔装，头发很短，有的一侧短一侧长，脚蹬一双旅游鞋。男青年有的剃光头，有的扎一根马尾辫，就那样一甩一甩的。衣服很窄瘦，显得腰身很苗条。裤子也穿一条露出脚踝来的八分裤、七分裤，脚上穿着无性别的旅游鞋。确实男女都平等了，确实男女工作性质和环境都一样了，可不就不用分出绅士和淑女了吗？欧洲历史上，男装无论怎么讲求华丽，都忘不了强调男性的慓悍；女装别管怎样适于活动，也无不显示女性的柔美。进入21世纪以后，这些传统都被颠覆了，好在人们已经司空见惯了。中国人在改革开放后，对什么款式、如何穿着也见怪不怪了（图10-12、图10-13）。

　　低腰裤与露脐衫在21世纪时显出格外的疯狂。我在2006年去欧洲讲学，当时正值圣诞节前夕，要说也是西欧的冬天了，虽然不像中国北方冬日这么冷，但是也有零星雪花飘下来。姑娘们就那样穿着极短的上衣、低腰的裤子，在大街上游逛，全不管肚脐和后腰暴露在寒冷的街头。这一股潮流中，中国年轻女性也毫不示弱，只不过比起西方姑娘，或说比起日本女性也收敛得多（图10-14、图10-15）。

　　2010～2012年，先是扑面而来的蜂腰裙和裸色装。这两者都有点复古的意味。蜂腰裙显然是西方女服的经典式样，几千年来一直延续着，只是到了20世纪中叶，女性们的躯体才得以解放，数十年后不过是故意重现。裸色包括肉色、浅粉、半黄、本白等，被称为2010秋冬当红的颜色，其实就是希腊服装的经典色彩。有人说这些色彩带有"疗伤"的味道，实际上是经过万千艳色之后，又发现了裸色的新奇（图10-16）。大约是人们想沉静一下吧！

　　1966年纽约阿斯托丽饭店的舞厅里和1996年巴黎时装演示会上，都曾出现过金属装，即由钢链、铝片、金属圈和金属珠等制成的时装。那些在金属片组成的紧身

图10-15 露背已经　　图10-16 裸色服装　　图10-17 金属装风　　图10-18 当代小花
不算开放　　　　　　　　　　　　　　格各异　　　　　　衣裙

衣外面又套上一件聚氯乙烯披风的模特儿，像极了天外来客的模样。一时间，耀眼的闪光、流畅的廓型和装饰线，给人以科幻的感觉。这种时装不仅出现在男女青年服装上，孩童装上也时有出现，很受欢迎（图10-17）。

　　2011年流行的小花衣裙，刻意塑造出邻家女孩的可爱模样，但同年那模特眼角的点点泪妆，又不知女孩悲在何处（图10-18、图10-19）？与之前流行的低腰瘦腿裤的拼命裹腿不同，这时兴起一种大裆的宽松哈伦裤。哈伦裤的裤型是腰、胯、裆部放松，然后在小腿部收紧，看起来有些怪怪的，此番流行不分男女，也不分中西（图10-20）。

　　男人穿裙子，这在有些民族传统中已不算新鲜，但满T台的男模特儿们都刻意造作地穿裙，也算一场时尚（图10-21）。松糕鞋卷土重来，裙上的花朵变成立体，

图10-19 新时代泪妆　　　图10-20 初起的哈伦裤，发　　图10-21 男人穿裙，不限
　　　　　　　　　　　　　　　展到后来，裆部低到脚踝部　　　　于T台上

图10-22 松糕鞋卷土重来

紧接着又是一场繁复来袭，波点装盛行得更是铺天盖地（图10-22~图10-25）。

2011年，春夏时装趋势突然推出了艳色。一时间，别管是衣衫还是唇彩；无论是鞋，还是眼影，甚至指甲都闪烁着浓烈的艳色（10-26）。还嫌不够艳时，便大秀荧光红、黄、蓝、绿……

2011年秋，T台上又找回了12世纪的骑士风，原以为会延续军装热，却谁想中间又兴起蕾丝的热潮，据说是重演洛可可风格。到了2012年，又兴起大花衣裙（图10-27~图10-30）。

简约风穿搭来自民间，在近十年中非常流行。这个英文名词是由平常的（Normal）和中坚力量（Hardcore）合成，指人们"有意穿戴非常普通、花费不多且随处可得的衣着用品的一种时尚趋势"。这种趋势好像很强劲，一直延续着。除

图10-23 立体花朵遍布全身

图10-24 当代繁复之美

图10-25 一度流行的波点装

图10-26 艳色装T台上下都穿

图10-27 当代骑士风

图10-28 戎装式时装很帅气

图10-29 蕾丝重新时兴

图10-30 大花衣裙又流行

此之外，还有多种款式多种风格的时装出现，各种风格一潮一潮涌来，却又转瞬即逝。

总之，21世纪初起十八年的服装流行速度之快，常常让人意想不到，多元的社会造就了这些奇形怪状也没有太多含金量的时装。时装表演随处可见，时装设计演示已经没有什么轰动效应，时装设计师风光不再，很难再有哪一件新作品亮相T台，会引起西方甚或全球的效仿。即使流行，也是几日就换，还来不及看清新时装的模样，也就谈不上新时装的冲击波和号召力了。

第二节　中西军服愈益接近

在新世纪军服设计中，单纯的技术进步已非决定性因素，技术如果不能被创新思维所指导并整合，就无法发挥出最大功效。目前看来，军服发展主要受三种创新思维方式引领，包括系统工程思维、人本思维、启发性思维，这三种创新思维的引入，使21世纪军服设计在受限较多的情况下日趋完善、功能日益全面，总体得以跟上信息化战争的大趋势。

如今，现代战争对军服在防护、信息掌握等方面的功能提出了更高的要求，因此面对现有军服在诸多方面的不如意，着眼于信息化战争的新型军服设计已经在21世纪初显露端倪。众多新工艺的突破和大量新材料的发现，无疑是军服水平大幅度提高的基础，也成为设计人员信心的保证。但军服作为一种性质独特的军事用品，其发展在质量、造价和人机工程等方面受到诸多制约。传统上利用技术进步解决问题的设计方法，如使系统复杂化、使用更昂贵的原材料、对使用环境和使用条件进行制约等，不能使未来军服达到理想化的水平。可以这样说，单纯寄望于技术进步的设计已经被实践证明是不合理的，违反了设计规律和战争规律，无法得到军服使用者的认可。新思维可以使复杂的技术简单化，使简单的技术得以发挥更大功用，新思维还可以帮助找到新技术的突破方向和新材料的寻找方向，从而有效避免过高指标、不切实际的要求以及技术瓶颈，为新军服早日投入使用铺平道路（图10-31）。

图10-31　美军数字化步兵系统的一种实验方案

21世纪，在系统工程思维的引领下，作为士兵系统平台的军服正在由分散化向一体化转变，军服的信息功能正在由节点化向网络化转变。为了适应复杂多变的现代战场，今天的一名士兵，普遍装备了夜视观瞄装备、态势感知装备、个人防护装备、生存装备等重要军服随件，使士兵个人能力空前提高。但是必须注意的是，如果一名士兵作战训练和行军生活的全部装备是一个有机完整的系统，那么军服（包括车辆驾驶员穿着的阻燃服、防止硬杀伤的防弹衣、携行背心等）就是这一系统的平台。当今士兵陆续装备了名目繁多、功能各异的军服，比如防雨御寒的各类衣物等，这在一定程度上满足了士兵的各类需求，直接提升了战斗力，但其出发点和思路长久以来并没有发生根本性的突破，件数越来越多，给行军负荷、部队后勤管理带来了巨大压力。

21世纪战场逐渐由机械化过渡到信息化。不但飞机、坦克等作战平台上广泛装备信息装备，连单兵也开始加装夜视镜、通信装置以提高自身信息能力，侦察兵还加装实时摄像机，以将所看到的情况传回后方，单兵配备GPS终端设备、掌上电脑，以随时掌握自己的位置。这些装置可以被列为态势感知装备、信息传输设备，已经成为单兵的重要服饰随件甚至军服本身不可缺少的一部分。但是在目前情况下，这些装置获取的信息仍然主要供单兵或小分队自行使用，或采用传统的语音通话，信息传输量有限，实时性也不高，仍旧只停留在节点状态。为了使作战服的信息化水平进一步提高，依靠传统思维增强各装置的功能并非最好的解决之道，唯有将整支部队组成一个网络，每个士兵都不再是自我封闭的孤立信息节点，而是可以随时将自身得到的信息无线上传到网络，将自己置于一个实时网络中，既有利于上级更好地指挥，也可以从战友处得到信息。这样，一支部队成为利用实时信息传输连接起来的一个整体，具有了更系统的战斗力。

再如人本思维的加强。自第二次世界大战后期，经验人机工学开始逐渐为科学人机工学替代，如何使军服和装备更好适应使用者的需求成为设计者首要考虑的问题，如何用人本思维去设计军装成为世界各国军服设计人员共同关注的焦点。现代军服普遍采用更透气、更舒适的衣料，将原来各种单独或背或挂的装备整合到携行背心或携行载具上，大幅降低防弹衣的重量等，这都说明人机工学的原理已经在军服设计中普及开来，军服的舒适性、实用性在逐年提高。但也必须看到，目前军服的人性化设计还是比较粗放的，在一些细节上还有欠缺，比如重心不居中的多功能头盔、阻碍腿部血液循环的护膝等。21世纪中叶的军服将会在人性化设计上更加深入、更加细微，更多倾听一线士兵的反馈，贯彻以人为本的设计原则，力图使人机工学的运用向细节化和深入化发展。

还有启发性思维的利用。对一些军服设计问题，不能完全指望用系统工程思维解决，片面追求结构简单很容易进入死胡同。在这种情况下，充分利用现有的技术成果，换用启发性思维，绕开瓶颈，换一种方式解决，也是发展军服的重要手段。运用启发性思维必须针对特定问题，迎难而上，利用目前各种技术手段，甚至在一定程度上不惜使系统复杂化、昂贵化，也要将问题彻底解决，这就是引领军服设计的启发性思维。

综合来看，需要复杂技术简单化。人们为了提高军服效能而发明的技术通常复杂昂贵，以致超出单兵承受能力，而创新思维的综合运用可使复杂技术简单化、模块化，以提前投入实际使用。比如，为了增强士兵防护能力，一部分军事强国从20世纪60年代开始为前线步兵配备防弹衣，最早为芳纶材料，并逐渐被更轻、防弹性能更好的"凯夫拉"材料取代，这是一种抗拉力极强的新型纤维材料，它的应用使单兵护具的重量和价格都降到了可以大规模装备部队的地步（图10-32）。但"凯夫拉"防弹衣只能防弹片和手枪弹，仅仅满足低烈度战场作战人员的需要，大威力步枪弹仍然可以贯穿防护层并杀伤使用者，如果运用目前的技术，使用先进材料，全面加厚防护层可以解决这一问题，但势必提高造价，重量也将不能接受。于是设计人员开始独辟蹊径，采用模块化的方法应对。美军最新装备的"拦截者"防弹衣就采用模块化设计，由战术背心、凯夫拉防弹内层和防弹插板组成，在重要部位采用插入式碳化硼陶瓷插板，大幅提升了防护能力，并允许步兵根据威胁程度的不同调整防护能力（图10-33）。"拦截者"防护面积增大，不但可以彻底保护穿着者的躯干部分，还有可选装的护裆，这样将防弹衣视做一个系统，并综合运用人本思维和启发性思维，最终使防弹衣在效能和单兵负荷间达到了一个平衡。

图10-32 "凯夫拉"防弹背心

同时需要简单技术实用化。在21世纪军服的设计中，现有的简单技术并非没有用武之地，关键在于设计者如何组合运用。众所周知，水具是士兵一刻不可缺少的装备，尤其在沙漠地区作战，为了满足饮水需求士兵可能要将多个水壶挂在腰间，但这样一来既妨碍翻滚匍匐等战术动作，又容易疲劳。针对这一情况，美国一家民间体育用品公司开发了针对军用市场的"单兵饮用水携行系统"，简称"驼峰"储水系统，这一装置类似背包，使用者背在背上，通过嘴边的软管饮水，既符合人体负重结构，又可以降低体温，还具有安全便捷等

图10-33 "凯夫拉"防弹背心的陶瓷插板

优点。可以看到，在水壶向类似于"驼峰"的单兵水具发展过程中，设计人员充分运用了系统工程思维、人本思维和启发性思维，使相对简单的现有技术、材料与工艺，能够被组合成效能更强的装备。

再需寻找新的技术突破口。在军服高新技术的研究中，向哪个方向去进行攻关，从而获得最大收益是一个重要课题。比如，伪装是军服的重要功能，从20世纪70年代起，军用伪装服不断由视觉伪装向多维伪装发展。一些新迷彩图案采用数码像素点阵，迷彩图案分布更为合理，但这仍属于"无源"伪装法，即本身不发散能量，随着红外夜视仪、热成像仪等战场侦察手段的日益发展，现有军服伪装技术面临严峻挑战。在这种情况下，一部分设计人员创造性地提出了"有源"伪装的新思路，通过电流来激活织物表面迷彩图案的金属涂层，使其根据周边环境改变自身温度与热辐射强度，从而更大程度地保护自己，甚至向"隐身"的最高目标迈进了一大步。这也是设计人员综合运用创新思维，寻找合适的技术突破口，从而提高军服效能的最好体现（图10-34）。

图10-34 "伯克利极限下肢外骨架"显示

当然也离不开寻找新的材料来源。在目前军服设计中，寻找具有更好性能的材料往往依靠物理和化学手段，但在纯理论的科研环境下，片面从化工品中寻找新材料很容易遭遇技术瓶颈。比如单兵军服的温度控制问题，当士兵身着笨重防化服时，体温容易过高，在一些高寒地区，身着臃肿的御寒衣物则会降低战斗力，现有的任何一种化纤材料都难以解决这些问题。于是，研究人员开始将目光转向动植物，广泛利用仿生原理，比如借鉴北极熊毛的中空结构，研发出人造中空纤维，可以使紫外线射入然后将其阻隔在内而不散失，从而保持穿着者的体温。类似的例子还有模仿松树叶呼吸机制的人造纤维防护服等。可见，从动植物温控机制中寻求军服材料的突破，是设计人员综合运用创新思维的结果，可以使军服在重量、造价、系统复杂程度上保持现有水平的同时，有效地增强温控功能。

总之，新时代对于军服的创新是基于需要，但又是面临许多挑战的。如果在军服设计中不能有效利用系统工程思维，不断发展的高新技术就会成为一个个孤立的个体，不能被整合成先进有效的装备。如果没有人本思维，新设计的军服和随件只是先进生硬的设备，不能成为士兵的亲密战友。如果不能运用启发性思维，军服僵硬的技术指标就会成为设计人员无法克服的障碍，使现有技术成果不能及时投入使用。放眼

21世纪以来的军装发展，这三种新思维正在决定军服设计的走向，其体系也有进一步扩大的趋势，军服设计人员对这三种创新思维的认识将会越来越深，并愈加运用自如，使21世纪的军服面貌日新月异。

21世纪的中国人民解放军军服，装备越来越考究，材质越来越高档，所有造型和纹样、佩饰、随件也都愈益走向世界军服的高端。这一则表现了中国的政治高度、经济实力、科技水平，二则使得中国人民解放军更加具有威慑力，更加适应现代战争环境和军事设施，越发奠定了我们人民军队战无不胜的英雄基础。

图10-35　中国人民解放军07式军服

2006年4月起，中央军委听取了军服总体改革方案的汇报以后，分别审查和审议通过了军服调整的改革方案，决定于2007年建军80周年之际，全军换发新式军服，这即为"07式军服"。这一次从样式上改进了军帽、礼服和常服结构，同时区分了大衣功能。另外，在材质、颜色与佩饰上也都有不同程度的改进，增强了识别功能，强化了军服美感，进一步跟上了新世纪新时代的步伐（图10-35）。

2007年，中国人民警察再换装时，只将灰色衬衣改为浅蓝色；夏装短袖衣变成夹克式，不再系在长裤内。交通警察冬装改为蓝夹克，夏装为浅蓝色短袖夹克，夹克下沿系在长裤内，白手套，黑皮鞋。2010年以后，各城市陆续为交警配备系在腰带上的数个方形或长方形小包，盛放执法记录仪等现代电子设备。

交通警察执勤时，还要穿一件红黄、红白或绿白相间的荧光坎肩，这体现出科技的进步，也与国际保持了一致（图10-36、图10-37）。

武装警察服装接近于陆军军服，但细微之处有所区别，如陆军为松枝绿，武装警察为橄榄绿；陆军帽檐牙子为红色，武警为黄色；陆军帽是松枝绿，武警是长城图案暗花；军人帽徽是八一

图10-36　交通警察值勤服饰形象（正面）　　图10-37　交通警察值勤服饰形象（背面）

图10-38　武装警察服饰形象　　　图10-39　武警特警服饰形象　　　图10-40　公安特警服饰形象

红星，武警则以国徽为主；军人领花是五星为主体，而武警是盾牌等（图10-38）。

武警特警头戴有绿色迷彩罩的高分子材质头盔，身穿迷彩服，外套战术背心，有时配护膝、护肘、护目镜，脚蹬作战靴。另有挂在右侧大腿部的战术手枪套，手握自动步枪，展现出一副现代风貌（图10-39）。2017年，武警并入中国人民解放军，统一由中央军委领导。

公安特警则是一身黑。头戴黑色头盔、全黑色警服并黑色半高靿皮靴，与武警特警配置等级基本一致，只是手握冲锋枪，现代城市的感觉更强（图10-40）。

从历史的角度看，军戎服装水平总是与同时代的服装水平同步，考究与简朴都不是孤立存在的。只不过，古代的军服更具民族特性，而当代军警服装却是充分国际化了，这就是网络化时代全覆盖的特点。

第三节　中西服装的当代异同

在人类童年时期，生活内容和生产方式有着惊人的相同，比如石器的使用、陶器的制作，几乎都是以实用为第一需求。其造型便于人们使用，像手握的柄，适合人喝水的圆形的器皿口等。社会性的文化活动内容，也是以巫术为主的，首先是借助神秘的力量，再争取得到超自然力量的护佑。服装也差不多，都是因地制宜、就地取材，先用自然的质料，后予以人手的加工……

自从中国商周的青铜时代开启、西方希腊大理石雕刻的诞生，中西文化宛如驶入两条不同的路，各自向前奔驰。服装作为社会、文化、经济、艺术的外显形象，呈现出具有各自特色的完全不同的风格。当网络化冲击人类社会后，两条线又越来越接近，以致大同小异了。本书一直是按中、西两条线分别叙述的，但到了21世纪，中西方的时装和军警服装基本上同时流行又几近一致了。

当然，中西服装因其文化土壤不同，毕竟还有差异。但是，殊途同归，两种完全不一样的表现可能又都在反映同一种情结，如热爱传统。

中国人仍然钟爱自己的民族服装，一个表现是21世纪初的"汉服热"，先从大学生开始，后发展为全国性的，随着国学热的蓬勃兴起，温度也不断升腾，且成为"开笔礼""成年礼"中不可或缺的服装款式。如今，全民旅游更助长了中国56个民族服装大展示的热情。中国人将清末立领、对襟、疙瘩祥的民族服装，向上推进了两千年，一直推到汉代。各少数民族也都在节日、会议、旅游演出中大秀民族服装。这说明中国人成熟了，复兴中华文化、重振服装礼仪之邦的信心和决心在加大加强（图10-41）。

西方人尽管在20世纪中叶即出现"嬉皮式""朋克装"等流行现象，但主流社会还是以传统西装领带为主要日常服装。即便是着装日趋随意的西方诸国，其政界和白领阶层的上班和社交场合依然以西装领带为正规服装（图10-42、图10-43）。

不同的是，21世纪的西方人对服装礼仪的重视程度已大不如以前。20世纪时，西方王室成员还格外关注多项服装礼仪，大至时间、地点、场合，微至帽饰、提包。国家元首和第一夫人更是注重在社交场合的着装。但是，21世纪的西方国家出现的多位女元首，其中以德国连任数届的总理默克尔为例，她在公开郑重场合就穿裤装，这是直接违反欧洲传统的。在欧洲的礼仪中，女子应穿裙装。20世纪中叶以来，女子的日常装里出现裤装曾经受过多重压力。没想到，如今的女元首竟然在国际外交场合，堂而皇之地穿裤装，这也应算作西方服装史中一个不大不小的里程碑。关键是大家接受了，这就说明时代在变化。在以前，英国首相撒切尔夫人，美国国务卿奥尔布赖特虽说都以铁腕著称，但在郑重场合，一律是考究的裙装。有时，还以一些服饰细节来表明政治观点和立场，如英国女王伊丽莎白二世的帽子及帽上装饰。撒切尔夫人的裙上饰品、奥尔布赖特的胸花曾在世界上引起各界的关

图10-41　当代人热衷的中华传统服装

图10-42　当代德国男人的日常着装

图10-43　当代德国女青年的日常着装

注。新世纪的女元首却极力和各国男元首服饰形象靠近，尤其是总以裤装出现。

与此同时代，中国人无论是各领导层干部，还是普通着装者，都更加注重服装礼仪了。如各层领导在与外国交往和特别郑重的会议上着西装，包括领带和白衬衫，大场合更能显示出整齐的秩序，体现出一种严格的纪律性和高度文明的规范性；而在国内工作会议和下基层巡视走访时着便装，如夹克或衬衫，不系领带。普通老百姓也衣装齐整，节日或婚庆仪式上，用衣团锦簇来形容人们的着装一点也不过分。相当多男性夏日依然穿长裤，把平常的社交和外出旅游服装也重视起来，全民素质提高得很明显。各工作岗位的职业装更是分类清晰，在岗与不在岗严格区分。即使是志愿者，也都根据所服务的性质和环境，统一着装。总之，人们不再像20世纪80年代那样穿着秋裤上街，穿着窄带背心就去别人家做客了。中国人的整体服装素质大幅度提升，这也是民族复兴的一部分。

第四节　中西服装的未来预想

20世纪末时，人们曾对21世纪充满幻想并充满好奇。21世纪的服饰流行趋势预测屡见报端。最通俗的一句"新世纪人们穿什么？"也在老百姓中流传着。那些不用洗涤、不用熨烫、可随人体高矮胖瘦而变化的服装展望正为人们述说着服饰的童话。可是，新千年要走过1000年的路，即使一个世纪，也要走过百年，现在预测那遥远的梦未免太不客观。我们只能说，跨入新世纪以来，瑰丽的服饰正装点着历史的画卷。人们以满腔热情去选择欢快明朗的服装颜色，其中大红、玫红、青紫、深海蓝和鹅黄正把人类的服饰形象渲染得更加鲜明；20世纪中后期曾流行过的嬉皮情调也出现回潮，从野性十足的豹纹皮毛到柔情似水的布片镶拼，还有那些似大海波涛般翻卷的褶边，都将为世界的服装构成一个多彩的梦幻般的情境。

新千年的伊始，服装的创作者极力展开对未来的憧憬，灵感之中迸发出耀眼的火花。来自高新技术领域的种种尝试，毕竟带着新时代的诱惑。功能性和环保型服装的发展，使服装面料更加柔软，更加充满弹性。吸湿透气、防雨防风、防污防霉、防蛀防臭、抗紫外线、防辐射、阻燃、抗皱、抗静电等功能不断地创造着高新科技的附加值。新鲜的服饰构想带着几分神秘，光是面料也让人眼花缭乱，什么涂层透气织物、导电织物及可洗织物等。现代人一方面为自己曾给自然造成的损害抚平伤口，一方面又锲而不舍地继续为征服自然使尽浑身解数。

当然，新奇独特的混合方式绝不是新世纪服装的唯一追求，人们依然或者说更加需要温馨的生活趣味。这时候，强调原料和组织结构互补的服饰观念，又给人们带来一种精神上的缓冲。羊绒、高支羊毛与人造纤维、含有天然材料的合成纤维的混纺与交织、更为柔软舒适的"绒头"织物、轻薄的双面缩绒织物，在构筑理想的同时，流露出对往昔的脉脉温情。

信息通道的缩短与地域文化的交融，使得手编风格织物，麻与羊毛混纺的干爽织物，以羊毛、幼细马海毛、阿尔帕卡羊驼毛、开司米等为主的纯、混纺织物等，经高新技术的超柔软处理后，产生出苔绒般的超级柔软感和轻薄精致感。那种古老的东方传统和异域风土人情的奇妙结合，营造出五光十色的服饰效果。

高档西装与休闲西装争夺空间，时装大衣又与职业装、表演装争妍斗艳。"精美与粗犷""现代与传统"将以从来未有过的结合、交叉势头，表现出21世纪的时代特色。来自意大利米兰的"新装饰主义"向世人呈现出新的设计理念——分割式的裁剪手法，连接着星星点点的珠片。带有亚光或涂层的新型面料制成的衣服，再配上电脑设计图案，被称为"未来主义"时尚……

2014年，3D打印技术已经出现，人们在电脑上选择或设计服装已不觉新鲜了。2015年春节前，一股高科技用在服饰上的旋风刮得全世界天昏地暗，如若不是科技占领服装领域已经多时，普通着装和商家、媒体或许很难跟上。

较新的说法是，在科技高速发展的网络化时代，手表、鞋子、眼镜、头盔都可以随时随地为人们提供意想不到的服务，诸如一抬手就可以浏览邮件，不用再掏手机。行业人士称此为"可穿戴设备"。用技术专用词解释是"直接穿戴在身上的便携式电子设备，不仅为一种硬件设备，更可以通过软件支持以及数据交互、云端交互来实现强大的功能"。其实，早在前些年就有类似的服装与佩饰品和消费者见面，被谓之"智能服饰"。西方各国将此称为"可穿戴装置"或"可穿戴计算装备"，同时也用"智能服饰"的说法（图10-44、图10-45）。

图10-44 智能手机做成手表样式，随时随地都可上网

如果从字面上分析，这两类称呼似乎存在着矛盾。一种是把电子设备穿在身上，以便带着到处走，但终归是设备。另一种是把服饰的功能增加或提升了，使之更具有现代科技的含量，本身还是服饰，也就是以穿戴的原本功能为主。目前来看，这两种称谓的实际产品差不多，也许是设计人员觉得智能手机、智能服饰不新鲜了，换一个说法从而再掀一轮消费动员潮；也许是服饰本身的科技挖掘毕竟空间有

图10-45 当代军用智能服饰

限，索性就说是把设备穿戴在身上。

听起来，玄而又玄，细想起来却没有什么。20世纪80年代末时，人类在服饰上的科技开发成果已经相当可观，当年称"功能服饰"。当时已有保健服饰，如按摩服、磁疗鞋、半导体丝袜等。有卫生服饰，如杀菌服、吸汗衫、排湿衣等。有安全服饰，如防鲨泳衣、灭虫衣、发光服和反光服等。另外还有自动调温衣，用精细的"管状合成纤维"制成。人们在空心纤维中充入一种感温敏锐的溶剂和气体混合物，当气温降低时，管内溶剂发生"冷胀"，使纤维管变粗，管与管之间紧密相贴，形成一堵不透风的墙。当气温升高时，因溶剂"热缩"，使纤维管变细，管与管之间疏散有隙，人体便可享受穿堂风般的凉爽与清新。

由此不难看出，21世纪第二个十年以前，人们还想如何发明创新，使自己穿戴服饰时更舒适，更安全，更健康。而移动互联网与云计算时代的可穿戴设备则是"给我们生活、商业、社会管理等带来全新的变革"（专业人士语）。看到其宣传材料，不禁令人眼花缭乱，如具有睡眠、心率、血压、血氧等检测功能，还有通信、定位、远程控制等功能，再有娱乐与社交、身份识别、移动支付等功能……先别说舒服不舒服，我一下子联想到的是野生动物脖子上的"项圈"。

智能试衣间早已不新鲜，消费者坐在电脑屏幕前就能看到自己穿各式衣服或使用各种假发的形象。早先是平面的，后来发展到立体三维的。也难怪，3D技术已经能够打印出心脏来，更不用说衣服和假发了。

我们不妨对中西服装的未来做一个预想。似乎有几点肯定和几点或许。

可以肯定的是说，未来人也离不了服装，即使高科技已使智能手段为所欲为，满街都跑着机器人，可是肉体人类还会与服装有不解之缘。另外一点可以肯定的是，服装会走向两个方向，一个是科技含量越来越高，另一个是自然本性愈益彰显。这种趋势几乎是必然的。

不过，还有一些很难确定的走向，如服装款式，还会是以西装为国际标准礼服吗？现今的服装，无论正装还是时装，都是西方领军，这主要是因为工业革命发生在西方。自17世纪以来，西方科技领先，使得西方以生产力的优势，引领军事力量优势，从而在服装上处于领先地位。可是，21世纪第三个十年还会这样吗？人工智能的引擎会在中国，还是在西方？生产力的快速发展，军事力量的强劲提升会在中国还是西方？航天航空事业的前程会在哪里？政治影响力和文化影响力会在哪里？这些直接会影响服装风格的形成与演化趋势。未来还很长，因此有好多或许。但是从现在来看，中国人重现衣冠大国、复兴中华民族的势力很强，给人以巨大鼓舞！

延展阅读：服装文化故事

1. 穿衣就能飞起来

很久很久以前，人类就有一个梦想，像鸟儿一样飞向天空。西方神话中的天使后背长有翅膀，中国道家人士就穿羽毛做成的大氅，后来有了飞机，有了降落伞。21世纪的滑翔翼可以穿在身上，这比撑起一把伞从山上往下跳的人成功概率大多了。只不过，滑翔翼或说滑行翼只能往下飞，还不能往上飞，恐怕还会有进一步圆梦的"飞行服"吧。

2. 新时代人道主义的蓝盔

联合国在当代成立了维和部队，由各理事国派出部队，参与国际上的维和行动。为了方便统一指挥，也为了便于各国维和部队的交流与接应，于是为每位官兵配发了天蓝色的贝雷帽。这种贝雷帽虽然是纺织物的帽子，但因维和战士进行军事行动时戴的头盔也罩上蓝布或涂上蓝漆，因而得以"蓝盔"的称谓。"蓝盔"体现了官兵的人道主义精神，赢得了各地人民的尊敬。

3. 智能无限的最新式军服

细心的人会发现，过去关节痛会直接在皮肤上贴上膏药进行治疗，而21世纪以来的药片粘在衣服上，这可以给皮肤一个缓冲。最新研制的军服，已经采取了嵌入式。将医用治疗仪嵌入服装内侧，可以为战士测量体温、血压、血糖，并能根据战士受伤的创面进行清洗、止血、消炎。必要时，还可以进行小面积创伤口缝合、敷药……简直太神奇了，不知智能军服会发展成什么样儿？

课后练习题

1. 21世纪服装发展趋势是什么？
2. 展望一下21世纪中叶的服装前景。

参考文献

［1］华梅. 人类服饰文化学［M］. 天津：天津人民出版社，1995.

［2］华梅. 中国服装史（2018版）［M］. 北京：中国纺织出版社，2018.

［3］华梅. 服饰与中国文化［M］. 北京：人民出版社，2001.

［4］华梅. 21世纪考古与研究——古代服饰［M］. 北京：文物出版社，2004.

［5］沈从文. 中国古代服饰研究［M］. 香港：商务印书馆香港分馆，1981.

［6］周锡保. 中国古代服饰史［M］. 北京：中国戏剧出版社，1984.

［7］上海市戏曲学校中国服装史研究组. 中国历代服饰［M］. 上海：学林出版社，
    1984.

［8］华梅. 中国服饰［M］. 北京：五洲传播出版社，2004.

［9］吴自牧. 梦粱录［M］. 杭州：浙江人民出版社，1980.

［10］许干. 馈赠礼俗［M］. 北京：中国华侨出版公司，1990.

［11］陈兆复. 中国岩画发现史［M］. 上海：上海人民出版社，1991.

［12］上海古籍出版社. 二十五史［M］. 上海：上海书店，1986.

［13］华梅，等. 中国历代《舆服志》研究［M］. 北京：商务印书馆，2015.

［14］王鹤. 服饰与战争［M］. 北京：中国时代经济出版社，2010.

［15］大英博物馆，首都博物馆. 世界文明珍宝——大英博物馆之250年藏品［M］.
    北京：文物出版社，2006.

［16］宗懔. 荆楚岁时记［M］. 姜彦稚，辑校. 长沙：岳麓书社，1986

［17］徐坚，等. 初学记［M］. 上海：中华书局，1962.

［18］孟元老. 东京梦华录［M］. 上海：古典文学出版社，1985.

［19］王圻，王思义. 三才图会［M］. 上海：上海古籍出版社，1988.

［20］朱谦之. 中国哲学对于欧洲的影响［M］. 福州：福建人民出版社，1985.

［21］沈福伟. 中西文化交流史［M］. 上海：上海人民出版社，1985.

［22］李纯武，寿纪瑜，等. 简明世界通史［M］. 北京：人民教育出版社，1981.

［23］华梅，王鹤. 古韵意大利［M］. 北京：中国时代经济出版社，2008.

［24］华梅，王鹤. 玫瑰法兰西［M］. 北京：中国时代经济出版社，2008.

［25］华梅，王鹤. 冷峻德意志［M］. 北京：中国时代经济出版社，2008.

［26］朱培初. 近代西洋服装艺术［M］. 北京：轻工业出版社，1985.

［27］张少侠. 欧洲工艺美术史纲［M］. 西安：陕西人民美术出版社，1986.

［28］张少侠. 非洲和美洲工艺美术［M］. 西安：陕西人民美术出版社，1987.

［29］华梅．中国文化·服饰［M］．北京：五洲传播出版社，2014．

［30］童恩正．文化人类学［M］．上海：上海人民出版社，1989．

［31］沙莲香．传播学［M］．北京：中国人民大学出版社，1990．

［32］维维安·百鹤高．欧洲十九世纪卓越绘画大师［M］．李嵩，译．上海：上海书画出版社，2011．

［33］伯特兰·罗素．西方的智慧［M］．崔权醴，译．北京：文化艺术出版社，2005．

［34］陈诗红．全彩西方雕塑艺术史［M］．银川：宁夏人民出版社，2000．

［35］谢选骏．神话与民族精神［M］．济南：山东文艺出版社，1986．

［36］大汕．海外纪事［M］．北京：中华书局，1987．

［37］曲渊主编．世界服饰艺术大观［M］．北京：中国文联出版公司，1989．

［38］爱德华·麦克诺尔·伯恩斯，［美］菲利普·李·拉尔夫．世界文明史［M］．罗经国，赵树糠，邹一民，朱传贤，译．北京：商务印书馆，1987．

［39］罗塞娃，等．古代西亚埃及美术［M］．严摩罕，译．北京：人民美术出版社，1985．

［40］尼尼阿马特·伊斯梅尔·阿拉姆．中东艺术史［M］．朱威烈，郭黎，译．上海：上海人民美术出版社，1985．

［41］布兰奇·佩尼．世界服装史［M］．徐伟儒，译．沈阳：辽宁科技出版社，1987．

［42］乔治娜·奥哈拉．世界时装百科辞典［M］．任国平，李晓燕，等译．沈阳：春风文艺出版社，1991．

［43］李当岐．17~20世纪欧洲时装版画［M］．哈尔滨：黑龙江美术出版社，2000．

［44］玛格丽特·米德．萨摩亚人的成年［M］．周晓红，李姚军，译．杭州：浙江人民出版社，1988．

［45］玛格丽特·米德．三个原始部落的性别与气质［M］．宋践，等译．杭州：浙江人民出版社，1988．

［46］菲利普·巴格比．文化·历史的投影［M］．夏克，李天刚，陈江岚，译．上海：上海人民出版社，1987．

［47］罗伯特·路威．文明与野蛮［M］．吕叔湘，译．北京：生活·读书·新知三联书店，1984．

［48］约瑟夫·布雷多克．婚床［M］．王秋海，等译．北京：生活·读书·新知三联书店，1986．

［49］莱斯特·A.怀特．文化科学——人和文明的研究［M］．曹锦清，等译．杭州：浙江人民出版社，1988．

［50］朱培初．近代西洋服装艺术［M］．北京：轻工业出版社，1985．

［51］L.M.霍普夫. 世界宗教［M］. 张世钢，王世均，秦平，等译. 北京：知识出版社，1991.

［52］威廉·A.哈维兰. 当代人类学［M］. 王铭铭，等译. 上海：上海人民出版社，1987.

［53］伊丽莎白·赫洛克. 服饰心理学［M］. 北京：中国人民大学出版社，1990.

［54］赫尔曼·施赖贝尔. 羞耻心的文化史［M］. 辛进，译. 北京：生活·读书·新知三联书店，1988.

［55］伊丽莎白·波斯特. 西方礼仪集萃［M］. 齐宗华，靳翠微，等译. 北京：生活·读书·新知三联书店，1991.

［56］西塞罗·唐纳，简·鲁克·克拉蒂奥原. 西方禁忌大观［M］. 方永德，宋光丽，编译. 上海：上海人民出版社，1992.

［57］丹纳. 艺术哲学［M］. 傅雷，译. 北京：人民文学出版社，1981.

［58］黑格尔. 美学［M］. 朱光潜，译. 北京：商务印书馆，1982.

［59］悉尼·乔拉德，特德·兰兹曼. 健康人格［M］. 刘劲，等译. 北京：华夏出版社，1996.

［60］L.比尼恩. 亚洲艺术中人的精神［M］. 孙乃修，译. 沈阳：辽宁人民出版社，1988.

［61］王鹤，华梅. 科研高度决定学科视野——以天津高校艺术学科量化现状为样本［M］. 北京：人民出版社，2018.

［62］华梅. 服饰文化全览［M］. 天津：天津古籍出版社，2007.

［63］J.Anderson Black，Madge Garland.Ahistory of fashion［M］.London：ORBIS，1985.

［64］Braun.L.Costumes through the ages［M］.New York：Rizzoil International Pubilcations，INC，1982.

附 录

中西服装沿革简表

时 代	典型服装	
育成时代（约170万年前～1万年前）	草裙、兽皮披、织物装	
成形时代（约1万年前～公元前11世纪）	贯口衫、大围巾式、上下配套式服装、首服、足服、佩饰、假发	
定制时代（约公元前11世纪～前3世纪）	中 国	西 方
	冕服、礼服、深衣、胡服	地中海等级服装
交会时代（约公元前3世纪～7世纪）	袍服、深衣、襦裙、戎装、长衫、裤褶、裲裆	拜占庭丝绸衣波斯铠甲
互进时代（约公元7世纪～14世纪）	圆领袍衫、幞头、乌皮靴、襦裙服、女着男装、胡服、襕衫、背子、髡发、左衽皮袍、顾姑冠	拜占庭与西欧戎装、紧身衣、斗篷、腿部装束、北欧服装、骑士装、紧身纳衣、圆饼形头饰、哥特式服装
更新时代（约公元14世纪～16世纪）	缀补官服、乌纱帽、凤冠霞帔、比甲	宽松系带长衣、头罩、发网、头饰、纱巾、天鹅绒短衣、尖头鞋、多种领型长衣、撑箍裙、切口式服装、皱褶式服装、填充式服装、长筒袜
风格化时代（约公元16世纪～18世纪末）	凉帽、暖帽、对襟袍、行褂、马甲、领衣、披领、袄裙、披风、镶滚彩绣、弓鞋、花盆底鞋	巴洛克风格：宽檐帽、带袖斗篷、南瓜裤、灯笼裤、方头矮帮鞋、男装女性化、缎带与花边、新式撑箍裙、罩袍、轮状大皱领、手套 洛可可风格：蝴蝶结、螺旋形黑色缎带、装饰扣紧身衣、宽大皱褶丝织长袍
完善化时代（约公元18世纪末～20世纪中叶）	长袍、西装、学生装、中山装、中西合璧男套装、西式军警服、袄裙装、改良旗袍、跑裤、狍头帽、鱼皮服、吐鲁番花帽、氆氇缘边袍、羊皮坎肩、英雄结、擦尔瓦、银佩饰、"披星戴月"披肩、藤圈、筒裙、彩绣围腰、独毛毯、毛南顶卡花、凤凰冠	马裤、长裤、燕尾服、礼服大衣、经典"西装"、彩带饰宽檐帽、再度复兴撑箍裙、埃及长袍、波斯缠头（巾）、会面袍、苏格兰方格短裙、爱尔兰毛织斗篷、英格兰长罩衫、法兰西花边帽、奥地利天鹅绒围腰、荷兰木鞋、西班牙刺绣男服
国际化时代（约公元20世纪中叶～20世纪末）	列宁服、花棉袄、军便服、喇叭裤、牛仔装、太阳镜、蝙蝠衫、筒裤、"迷你"裙、"酷"风男装、"蔻"式女装、职业装、休闲服	个性化时装、"新女性"风格服装、散步女裙、"男孩似的"女装、优美线条晚礼服、职业装、"新外观"风格女装、工装裤、朋克装
网络化时代（21世纪初至今）	东方风格时装、环保风格时装、裸色装、"中性风潮"装、莱卡前卫装、科幻女装、功能服装、智能服装、纯手工服装、现代装备军服、数码像素迷彩服、多元且互融的时装	

后 记

　　《中西服装史》作为书籍，以前有人写过。但我这本教材源起于我负责并主讲的国家级精品课。2009年获批后，中国纺织出版社服装分社社长郭慧娟女士约我出一本与课程同名的教材。

　　我出版过《中国服装史》和《西方服装史》，因此这一次主要是考虑怎么写《中西服装史》，是中西单独写放在一本书里呢？还是合起来按时间顺序写？在征得慧娟意见后，决定合起来写，这样更有国际性，更能体现人类文化走过的印痕。

　　因为我1995年出版的百万字《人类服饰文化学》中，第一章就是人类服饰史，那时就是以全球眼光去论述世界服饰文化之旅的。

　　2010年9月，先由我院一位新入职尚需坐班的教师帮我扫描原"人类服饰史"的部分内容，后带着一位年轻教师打算一起写，未想耽搁了两年半，还是我自己大刀阔斧撰写并修改的。然后，又由另一位更年轻的教师和我一起配的插图。结果是，匆匆交稿，留下许多遗憾，成了我出版的60余部著作中最不理想的一本。

　　2016年，经过我们课题组成员的共同努力，早就挂在"爱课程"网页上的《中西服装史》得以转型升级为国家级精品资源共享课，我愈益萌生了修订这本书的强烈愿望。原想放弃的，可是发现这本书三年里重印了三次，看来还是有些院校师生需要的。

　　时光转至2018年夏，我收到中纺社出版的《中国服装史（2018版）》，版式之清新一下子激起了我继续修订几本服装史论书的激情。2018年5月11日开始着手的《西方服装史》修订，9月17日交稿了。与此穿插修订的《中西服装史》现也即将杀青。

　　我在高校讲台上奋斗了41年，在我退休前夕完成了又一本教材的修订，心里由衷地愉悦并兴奋。这本书的第一版包括起源是10部分，而这次我将服装起源列为序章，又专门写了一个"第十讲"。第一版军戎服装的比例很小，这一次几乎每一讲都有。第一版插图总数才176幅，而这一版我自己一手修改，一幅幅根据文字配，成了465幅。这就与《中国服装史（2018版）》的459幅，《西方服装史（第3版）》的448幅基本相当了。自然使内容丰富充实了许多。因为前两本服装史都在每一讲后有"延展阅读"，所以我特意新写了39个服装文化故事，以便和那两本的"延展阅读"中故事数一样。考虑到图的总数已与那两本差不多了，因此未再安排"相关视觉形象"。

　　在修订中，我重点注意了一下中西比较的内容，认为这样更能够有利于读者客观地看待服装文化。不敢说完全达到了我最先设定的目标，但肯定是尽心了，总希望以我的心血满足师生的教学需求。

在修订中，我的研究生段宗秀做了大量工作，刚从新疆支教回校的学生处助理研究员，原来也是我研究生的巴增胜负责了补充部分的打印，包括这个后记。我儿子王鹤更是义不容辞，他作为天津大学副教授，教学科研工作也很忙碌，眼下还忙着三门在线开放课，但是我的科研，却也一点也离不开他，补图和来回传递还是他。这之前有我院助理研究员任云妹老师帮忙，我院实验室主任贾潍要将这本大部分用书正反两页剪贴再修改的书稿，也就是主要为手写的书稿送到中纺社……

每一本书都集中了好多人的智慧与力量，他们最大的愿望都是希望对教学有所贡献，兴奋点和期望值在此碰撞，闪烁出五彩的火花！

华梅

2018年10月18日
于天津师范大学华梅服饰文化学研究所